U0691558

探索游泳安全教育中
防溺水问题的途径

康琛喆 ◎ 著

中国出版集团有限公司
China Publishing Group Co., Ltd.

现代出版社

图书在版编目(CIP)数据

探索游泳安全教育中防溺水问题的途径/康琛喆著.

北京:现代出版社,2025.4. --ISBN 978-7-5231
-1416-2

Ⅰ.X925;R649.3

中国国家版本馆 CIP 数据核字第 2025793WD7 号

探索游泳安全教育中防溺水问题的途径

TANSUO YOUYONG ANQUAN JIAOYUZHONG FANGNISHUI WENTI DE TUJING

著　者:康琛喆

责任编辑	刘　刚
责任印制	贾子珍
出版发行	现代出版社
地　址	北京市安定门外安华里 504 号
邮政编码	100011
电　话	(010)64267325
传　真	(010)64245264
网　址	www.1980xd.com
印　刷	三河市九洲财鑫印刷有限公司
开　本	880mm×1230mm　1/32
印　张	5
字　数	131 千字
版　次	2025 年 4 月第 1 版　2025 年 4 月第 1 次印刷
书　号	ISBN 978-7-5231-1416-2
定　价	58.00 元

版权所有,翻印必究;未经许可,不得转载

目　　录

前　言

　　溺水一直是全球性的公共安全问题。根据世界卫生组织的报告，溺水每年导致数十万人死亡，其中儿童和青少年的比例尤为显著。溺水事件的背后隐藏着多种复杂因素，包括但不限于个人的游泳能力、安全意识、应急响应能力的缺乏以及环境因素。面对这一严峻挑战，如何通过有效的教育和训练来降低溺水事件的发生率，成为当代社会亟须解决的问题。

　　游泳作为一种古老而普遍的活动，其安全教育的重要性不容忽视。游泳不仅是一项体育运动，还是一种基本的生存技能。然而，由于缺乏必要的安全教育和意识，许多人在享受水中乐趣的同时，忽视了潜藏的风险。这种矛盾的现象在全球范围内普遍存在，成为需要紧急关注和应对的全球性问题。

　　在此背景下，撰写《探索游泳安全教育中防溺水问题的途径》一书成为必然选择。本书旨在深入探讨游泳运动的各个方面，通过其历史、技术、安全教育、急救措施等，了解防溺水安全教育。同时，通过全面分析游泳运动的价值和相关的安全问题，提高公众对游泳安全的认识，并普及有效的溺水预防知识。

全书共分为三部分。

第一部分，介绍游泳运动相关内容，使读者对游泳项目有基本的认识和了解，初步了解游泳运动的发展溯源，以及游泳在当代社会中的价值和影响，掌握游泳运动基本技能。

第二部分，介绍游泳安全相关问题，通过对不同水域环境中游泳安全问题、游泳常见生理和心理问题的研究，介绍拯溺活动的发展，以及分析造成溺水事故的因素，使读者了解溺水事故的多发性、危害性，意识到防溺水的重要性。

第三部分，探讨防溺水的救护途径和策略。介绍不同情境下防溺水的救护方法，增强自救和救助他人的能力，同时提出加强防溺水安全教育宣传，联合"家、校、社"等策略，重点解决青少年游泳安全教育中的防溺水问题，增强防溺水安全教育。

本书在游泳安全教育领域提供了全面的视角，覆盖从基础知识到高级救援技巧的各个方面，结合了各领域专家的观点和最新研究，旨在提供一本内容全面的游泳安全和防溺水指南。本书不仅适用于游泳教练、体育教师、儿童、青少年、学校管理员和家长，也适合所有关注游泳安全和溺水预防的人士。通过本书的阅读，目的是提高大众对游泳安全的认识，减少溺水事故的发生率。

在本书的编写过程中，尽管我们努力确保内容的全面性和准确性，但考虑到游泳安全教育领域的不断发展和多样化，书中的内容或许仍有待完善。因此，我们诚挚地欢迎和感激来自各方面的意见和建议。

作　者
2024 年 4 月

第一章 游泳运动概述

1896 年，游泳进入希腊雅典第一届现代奥林匹克运动会，当时只有 100 米、500 米、1 200 米自由泳三个项目，1971 年，举行了世界游泳锦标赛。多年来，世界游泳运动技术水平迅速提高，参加竞技游泳运动的人数不断增加，各项游泳世界纪录不断被刷新。

1913 年，第一届远东运动会成为我国参加国际游泳竞赛的开端。1920 年，国内游泳比赛开始增设女子比赛项目，1924 年，成立了"中国游泳研究会"。1957～1960 年，我国著名游泳运动员戚烈云、穆祥雄、莫国雄等 3 人，先后 5 次打破男子 100 米蛙泳世界纪录。自第十届亚运会以后，我国游泳运动处于亚洲领先地位，特别是女子项目，在 1988 年第 24 届奥运会上获得奖牌后，其成绩突飞猛进，获得多项世界冠军。

经常进行游泳锻炼，不仅可以增加呼吸肌的力量，扩大胸部活动幅度，增大肺的容量，提高呼吸系统的机能，同时，还能使神经呼吸和血液循环等系统的机能得到改善，提高肌肉力量、速度、耐力、弹性和全身关节灵活性，有效地增进健康，预防疾病，提高身体素质，使身体得到协调发展。

游泳也是重要的生活和工作技能项目之一，具有很高的实用价值，如水利施工、水上运输、水下操作、渔业生产、防洪抢险以及打捞救护等，都需要掌握游泳技能，方能更好地克服水的障碍。

第一节　游泳的起源与发展

一、游泳的起源

游泳的起源与发展是与人类社会的劳动、生产、娱乐及战争等活动紧密联系的，它是由人类在征服自然、改造自然的生产劳动中产生的，在满足人们的娱乐、竞争的需要中发展起来的。

原始社会严酷的生存条件，迫使人类不断地提高自己的体力和智力。由于生存的需要，人们发展了走、跑步、跳跃、爬山、游水、投掷等技能，地球上布满了江、河、湖、海，人类不可避免地要与水打交道，当水阻路而人们要涉过时，当水中有鱼要捕食时，游泳技能便产生了，这些都可以从古代陶器中刻画的人类潜入水中猎取水鸟及类似现代爬泳的图案中得到证实。

随着国家的出现，古代国家之间战争时有发生，利用水作为攻战的手段，利用泅水潜行破坏敌人的防守，用泅泳配合陆上步兵和骑兵作战成为战争中克敌制胜的方法。

我国江南为水网地区，善游泳者众多，这和生产劳动是分不开的。我国入水采珍珠的生产劳动已有两千多年的历史，采珍珠要潜入数米深的水中，没有好水性是不可能以此为业的。

宋朝大诗人苏轼记有："南方多没人，日与水居也，七岁而能涉，十岁而能浮，十五而能浮没矣，夫没者岂苟然哉？必将有得于水之道者。日与水居，则十五而得其道。"可见，无论是学游泳的年龄还是技能的发展，都与现代游泳教导训练的阶段有近似之处。

随着生产力的发展，人类生活的稳定与提高，游泳与娱乐紧密地联系在一起。古代人多从沐浴开始，继而在水中嬉戏，逐渐形成古代游泳——泅水、泅游、涉、浮、没、潜等多种形式。最初的游泳不仅与沐浴分不开，同时也与划船竞渡有着密切的关系，划船竞渡具有竞赛和表演双重意义，因此伴随着划船比赛就出现了游泳表演，划船时有人顺流游泳表现惊险的动作，从船上跳入水中，在水中游泳的姿态好像是坐在水面上一样，把人装入口袋扔入水中人能解开口袋钻出来等，这些描述，可以使我们与今日的踩水、仰泳或滑稽游泳表演联系起来。

二、我国游泳运动的发展

我国第一部诗歌集《诗经》就有关于游泳活动的记载。《诗经·邶风·谷风》中"就其深矣，方之舟之；就其浅矣，泳之游之"的诗句，说明那时人们早就懂得游泳，而且能利用游泳技术来克服江河的天然屏障。

春秋战国时期，人们经常游泳猎取水中的动物。如战国时的哲学家庄子所著《庄子·秋水》云"水行不避蛟龙者，渔夫之勇也"，可见当时渔夫已经掌握了较高的游泳技能。随着生产力的发展、阶级的产生和阶级矛盾的激化，出现了战争，这时，游泳由单纯的生活技能又逐步成为一种军事技能。中国古代兵书《六韬》，传为吕望（姜太公）所作，在《六韬·奇兵》中谓"奇技者，所以越深水、渡江河也"，把"越深水，渡江河"作为"奇兵"的一项特殊军事技能，已明确论及泅渡江河在军事上的重要价值。《管子》《孙子》等古书，都把游泳列入军事训练的主要项目。

我国古代的游泳可概况为三种形式，即涉——在浅水中行走，浮——在水中漂浮，没——在水下潜泳。以后，劳动人民在长期的实践中，创造和发展了不少泅水方法和游泳技术，如狗爬式、寒鸭浮水、扎猛子（潜水）、大爬式、扁担浮（踩水）等，至今尚在民间流传。

我国近代游泳运动是在 19 世纪中叶，由欧美传入，开始在香港及沿海各省市兴起，如广东、福建、上海、青岛、大连等地，而后传及内地并逐渐流行起来。1887 年，广州沙面修建了 25 码室内游泳池，以后逐渐有了竞技游泳比赛。当时的游泳竞赛多为外国人主办，冠军也多为外国人所得。

中华人民共和国成立后，游泳运动得到了很好的发展。

1952 年，举行了中华人民共和国成立以来的第一次全国游泳比赛，有东北、华北、中南、华东、西南人民解放军和全国铁路等地区、单位的 165 名运动员参加（男 106 名，女 59 名）。比赛共设 17 个项目，一部分些项目中一部分是国际上通常采用的比赛项目，有些是从我国实际情况出发设置的。在这次比赛后宣布了全国游泳选手名单，他们中的许多人成为中华人民共和国游泳事业发展的骨干，掀开了中国游泳运动史上新的一页。

中华人民共和国的游泳运动员参加的第一次国际比赛是在芬兰赫尔辛基举行的第十五届奥运会的游泳比赛，我国游泳运动员因交通受阻，只有吴传玉一人参加了比赛。

五星红旗第一次在国际泳坛上升起，是在 1953 年 8 月举行的第一届国际青年友谊运动会上，吴传玉以 1 分 06 秒 4 的成绩获得了 100 米仰泳冠军。

1953 年，中央体育学院（现北京体育大学）体训游泳班正式成立，这支相当于国家队的队伍的成立，在推动我国游泳运动的开展上起到了重要的作用，他们频频进行国内外比赛的交流，使我国的游泳水平快速提高。1955 年，在北京、上海、天津开始建立青少年业余体育学校。从此，我国培养优秀运动员的体制开始形成。

从 1956 年开始，我国每年春、秋两次举办全国性游泳比赛已形成制度。从 20 世纪 60 年代起，全国性比赛分为甲级和乙级两部分，达到一级以上的为甲级，其余的为乙级。20 世纪 80 年代中期，改为上半年冠军赛，下半年锦标赛，确定当年锦标赛名列各项前 20 名可参加第二年的冠军赛，在冠军赛和锦标赛之前，全国分区举行达标赛，达到国家体委颁布的标准者，可报名参加冠军赛或锦标赛。党和国家领导对体育的重视，运动训练与比赛制度的建立和完善，广大人民群众积极参加体育活动的热情，体育训练科学化程度的提高，使我国体育逐渐步入国际体坛。

改革开放后，迎来了中国游泳的黄金时代。我国游泳运动员不仅走出去，参加亚运会、亚洲游泳锦标赛、泛太平洋游泳锦标赛、世界大学生游泳锦标赛、奥运会等，我国还先后承担了第三届亚洲游泳锦标赛、第十一届亚运会游泳比赛、世界杯游泳短池系列赛等国际高水平的游泳比赛。出色的组织工作、高水平的裁判队伍、规格的场地器材都得到了国际泳坛的认可，我国游泳运动的整体水平迈上了一个新的台阶。

三、现代游泳竞赛与发展

现代游泳竞赛的历史是与奥运会的发展紧密地联系在一起的。在第一届现代奥运会上，就把游泳列为竞赛项目之一，当时只有100米、200米、1200米自由泳三个比赛项目，匈牙利人海奥什获得100米自由泳冠军，成绩为1分22秒2，这个成绩相当于现在我国三级运动员标准。后来，又陆续增加了仰泳、潜泳、蛙泳和接力（5×40米）泳。1908年，在英国举办第四届奥运会时成立了国际业余游泳联合会，审定了各项游泳世界纪录，并制定了国际游泳比赛规则。女子项目是从1912年在瑞典的斯德哥尔摩举行的第五届奥运会上开展增加的，当时只有100米自由泳和4×100米自由泳接力两个项目，澳大利亚人弗·达尔克获得100米自由泳冠军。

第一届至第五届奥运会，匈牙利、英国、德国、美国、澳大利亚均获得过各项冠军，第六届奥运会由于第一次世界大战而停办，第七届至第九届奥运会，美国队成绩比较突出，在第十届和第十一届奥运会上，日本男子出现了几个优秀运动员，这也是日本游泳成绩最好的时候，女子则是美国、荷兰比较突出，在世界泳坛上轰动一时。第二次世界大战期间，奥运会中断了两届，1948年，在英国伦敦举行了第十四届奥运会，很多国家正在进行战后重建，恢复经济，美国在男女11个项目中获得8项冠军，第十五届奥运会美国继续保持优势，但匈牙利锋芒初露，这届奥运会，国际游泳把蛙泳和蝶泳分为两个单项比赛，蝶泳作为正式的比赛项目出现于世界，被排挤已久的蛙泳技术也得到恢复与发展（此前蛙泳与蝶泳同为俯泳项目，比赛时可任选蝶泳与蛙泳，由于蝶泳速度较快，大多数人都选择蝶泳，蛙泳受到排挤）。从此竞技游泳发展成四种姿势，运动员为寻求快速度，蛙泳技术逐渐演变为潜水蛙泳，成绩进步很快，但在墨尔本第十六届奥运会以后，国际泳联决定今后蛙泳比赛禁止采用潜水蛙泳技术，最后采用潜水蛙泳技术获得奥运会 200 米蛙泳冠军的是日本运动员古川胜，成绩为 2 分 34 秒 7，自那次以后潜水蛙泳技术消失了。在第十六届奥运会上，澳大利亚游泳运动员成绩相当突出，获得男女 13 个项目的 8 项冠军，一跃成为游泳强国。20 世纪 60 年代，美国男女运动员崛起，在所有的比赛项目中占有绝对优势。进入 70 年代，德国女子游泳崛起，在 1973 年第一届世界游泳锦标赛上以 10∶3 的金牌优势大胜美国队，从此创立了泳坛霸王的地位。截至 1987 年，前民主德国保持了 11 项世界纪录。1988 年，杨文意打破女子 50 米自由泳世界纪录，我国开始走进游泳强国之列。20 世纪 90 年代，世界泳坛是列强争雄的时代，没有一个国家或一个运动员能够长时间地居于领先地位。能够跻身于泳坛强国地位的国家有美国、澳大利亚、俄罗斯、德国、中国等，而在国际泳坛上名不见经传的国家如苏丹、南非、西班牙等有时也会一鸣惊人，获得奥运会的金牌。

第二节　游泳的分类

一、竞技游泳

符合国际业余游泳联合会游泳竞赛规则要求，以速度来决定优劣的游泳运动，称为竞技游泳。

（一）短程赛

短程赛，作为体育运动中的一种竞技模式，特别是在游泳领域，以其快速、激烈的竞争特性而著称。这一类比赛对参赛运动员提出了极高的身体素质和技术水平要求，尤其是对爆发力和技术运用能力的考验。在短程赛中，运动员需要在极短的时间内发挥出自己的最佳水平，因此这类比赛常被视为对运动员身体机能和技术精准度的极致挑战。

短程游泳比赛中的典型项目包括 50 米蝶泳和 50 米自由泳。这两个项目都是游泳比赛中极为考验速度与技术的赛事。

1. 50 米蝶泳

在 50 米蝶泳项目中，运动员需要在极短的时间内展示其上肢的强大力量以及泳姿技术的精准度。蝶泳作为一种高度技术化的泳姿，其特点是两臂同时进行上抬、入水、划水和恢复的动作，以及独特的腿部踢水技术。由于比赛距离短，运动员必须在起跳和转身中尽可能减少时间损耗，同时在整个比赛过程中维持高效率的水中动作。此外，蝶泳对上肢的力量要求极高，运动员需要具备强大的肩部和背部肌肉力量，以在水中产生足够的推进力。

2. 50 米自由泳

50 米自由泳，作为游泳比赛中速度最快的项目之一，对运动员的综合素质提出了极高的要求。在这个项目中，运动员需要在短时间内发挥出自己的力量、速度和耐力。自由泳技术的核心在于高效的手臂划水和稳定有力的踢腿，以及在整个过程中保持流线型的身体姿态，以减少水中的阻力。比赛中的转身技巧也是决定成败的关键因素之一。由于比赛时间短，因此任何细微的技术错误或力量上的不足都可能导致运动员在激烈的竞争中落后。

（二）中程赛

中程赛，作为体育运动的一种重要比赛形式，尤其在游泳领域中，以其对运动员耐力和战术智慧的双重考验而显得格外重要。与短程赛相比，中程赛的特点在于其比赛距离的延长，这一变化不仅要求运动员拥有优秀的速度和力量，还要求他们具备持久的耐力和周密的比赛策略。

中程游泳赛事的代表项目包括 200 米个人混合泳和 400 米自由泳。这两项赛事对运动员的身体素质和技术能力提出了更为全面的挑战。

1. 200 米个人混合泳

在 200 米个人混合泳项目中，运动员将经历蝶泳、仰泳、蛙泳和自由泳 4 种不同的泳姿。这不仅考验运动员对每种泳姿技术的掌握程度，还考验他们在 4 种泳姿之间转换的平稳性和效率。每种泳姿都有其独特的技术要求和节奏感，运动员需要在这 4 种泳姿中找到平衡点，同时保持高效的能量分配和节奏控制。这种赛事设置对运动员的综合素质提出了极高的要求，不仅要有出色的技术水平，还要有优秀的体能和战术意识。

2. 400 米自由泳

400 米自由泳，作为一种中长距离的游泳项目，要求运动员在相对较长的比赛过程中保持稳定的速度和良好的耐力。在这个项目中，运动员必须精心安排自己的比赛节奏，以避免在比赛早期过度消耗体力。合理的策略规划和能量管理成为这一项目中取胜的关键因素。运动员需要在保持速度的同时，留意自己的体力储备，以确保在比赛的最后阶段仍能保持竞争力。

（三）长程赛

在游泳项目中，800 米自由泳和 1500 米自由泳是长程赛的代表性项目。这些项目的主要挑战在于其漫长的比赛距离，这意味着运动员需要在水中保持高效的动作和稳定的速度长达几分钟甚至十几分钟。在如此长的比赛过程中，有效的体力管理和节奏控制成为取胜的关键因素。运动员需要在比赛初期避免过度消耗体力，同时需要保持一定的速度，以确保在比赛后期仍有充足的体力进行冲刺。

　　除了体力上的耐力，长程赛对运动员的心理素质也提出了严格的考验。运动员在长时间的比赛过程中，需要保持极高的集中力和稳定的心态。比赛中的任何小幅度波动——无论是速度上的、技术上的还是心理上的都可能对最终成绩产生重大影响。因此，运动员在长程赛中不仅要展现出身体上的坚韧，还要展现出心理上的稳定和韧性。

　　此外，长程赛还要求运动员拥有出色的策略规划能力。这包括对比赛过程中的速度分配、能量管理以及对对手战术的观察和应对。运动员必须在比赛中不断地评估自己的体力状态和比赛进度，同时也须观察对手的动态，以便做出实时的调整。

二、健康与疗愈游泳

（一）康复游泳

　　康复游泳，作为一种特殊的物理治疗方式，近年来受到了广泛的关注和应用。它主要针对的是那些经历过严重伤病、手术或长期疾病的患者，旨在通过水下活动促进他们的身体恢复。这种独特的康复形式基于水的物理特性——浮力、阻力和热导率，使得游泳成为一种温和而有效的康复手段。

1. 关节康复

　　在关节康复方面，康复游泳的重要性不可小觑。由于水的浮力作用，身体在水中的重量会显著减轻，这样可以大大减少关节在锻炼过程中所承受的压力和冲击。对于那些经历关节炎、关节置换手术或其他关节问题的患者来说，水中的环境提供了一个安全、有效的恢复空间。在水中，患者可以进行一系列关节活动和延伸运动，有助于提高关节的灵活性和活动范围，同时减轻疼痛和不适。

2. 肌肉康复

　　对于肌肉康复来说，水中环境的优势同样显著。水的阻力可以在不对身体造成额外负担的情况下，提供均匀且全方位的阻力，这对于恢复肌肉力量和灵活性尤为关键。在水中进行练习可以有效地避免地面锻炼可能带来的冲击和伤害风险，特别是对于那些刚刚经历过肌肉手术或严重肌肉损伤的患者。水中的阻力训练不仅有助于逐渐增强肌肉力量，还能够促进肌肉耐力和协调性的恢复。

3. 心肺康复

康复游泳对心肺系统的恢复也有着重要的影响。游泳作为一种全身性的有氧运动，对于增强心肺功能具有显著效果。它尤其适合那些患有心脏病或经历过中风的患者。水下活动要求身体进行有效的呼吸控制和循环系统调节，这有助于改善心脏和肺部的功能。适度地游泳练习可以加强心脏的泵血能力，改善血液循环，同时也能够促进肺部功能的恢复，提高氧气的利用效率。

要注意，在实施康复游泳时，专业指导至关重要。由于每个患者的具体状况不同，康复计划应当由专业的康复治疗师或医生根据个人情况量身定制。此外，监督和适时的调整对于确保康复效果和安全同样重要。在水中进行的康复活动应该结合其他治疗方式，如物理治疗、职业治疗等，以实现最佳的恢复效果。

（二）预防性游泳

预防性游泳，作为一种全身性的有氧运动，其目的在于利用游泳活动预防各种健康问题。以下是预防性游泳对健康的几个重要影响。

1. 心血管疾病预防

长期以来，心血管疾病一直是全球范围内的主要健康威胁。规律的游泳锻炼可以显著强化心血管系统。游泳时，心脏需要泵送更多的血液以满足肌肉的需求，这种持续的心脏负荷训练可以增强心脏肌力，提高其泵血效率，从而降低患心脏病和高血压的风险。研究表明，有规律的游泳锻炼可以降低冠状动脉疾病的发病率和死亡率。

2. 骨质疏松预防

骨质疏松症是随着年龄增长而日益严重的健康问题，尤其是对于女性。水中活动特有的低冲击性质，使得游泳成为一种对关节友好的运动，有助于促进骨骼健康。水的浮力可以减少对骨骼的压力，同时游泳的抗阻性可以加强骨骼周围的肌力，提高身体的平衡能力，从而有效地预防跌倒和骨折。此外，游泳还能促进血液循环，从而进一步促进骨骼健康。

3. 肌肉强化和身体协调

游泳是一种全身运动，几乎涉及身体的每一个主要肌肉群。通过不同的泳姿，可以均衡地锻炼全身肌肉，增强肌肉力量和耐力。同时，游泳还要求身体各部分协调运动，这种协调性的训练对于提高身体整体的协调能力和灵活性十分有益。

4. 心理健康的提升

游泳不仅是一种身体锻炼，同时对心理健康也有积极影响。游泳时，体内会释放内啡肽，这是一种天然的化学物质，能够带来愉悦感，减轻压力。因此，游泳被认为是一种有效的压力管理方式。此外，水的浮力和游泳时的放松感，对于缓解紧张情绪和焦虑也有积极作用。

（三）适应性游泳

适应性游泳是一种针对特殊人群设计的水上运动项目，其核心目的在于通过水中运动来满足这些群体特定的身体和心理需求。这类游泳项目的独特性在于它们的设计考虑了参与者的年龄、身体条件和健康状况。以下是适应性游泳的几个重要类别。

1. 孕妇游泳

孕妇游泳项目是专门为怀孕期间的妇女设计的，注重于促进孕妇的整体健康和福祉。这类游泳有助于改善孕妇的体态平衡，减少腰部和背部的压力，这对于随着胎儿增长而增加的腰背负担尤为重要。水的浮力可以有效减轻关节和韧带的压力，同时水的温度有助于放松肌肉和减轻肌肉痉挛。此外，适当的水中运动还能增强孕妇的心血管健康，促进血液循环，有利于胎儿的健康发育。孕妇游泳还是一种有益的分娩准备活动，它可以加强腹部和骨盆肌肉锻炼，为顺利分娩奠定基础。

2. 儿童游泳

儿童游泳针对的是儿童这一特殊人群，特别关注他们的身体成长和心理发展。这类游泳能够有效促进儿童的身体发育，提高他们的肌肉力量和耐力。水中运动对于增强儿童的协调能力和平衡感尤为重要，这对他们未来的身体活动和运动技能发展有着重要影响。同时，游泳作为一项有趣的活动，可以培养儿童对水的熟悉感和喜爱，减少水性恐惧症的可能性。对于儿童来说，游泳不仅是一项身体锻炼，也是一种社交活动，有助于他们的社交技能和团队合作能力的提高。

三、休闲游泳

（一）自由泳玩耍

自由泳玩耍，作为一种在泳池或安全水域中进行的休闲活动，其本质超越了单纯的身体运动，蕴含着对身心的全面呵护与发展。以下是该活动的主要组成部分及深层意义。

1. 浮游

浮游不仅是一种轻松的水上活动，更是一种身心放松的艺术。参与者躺于水面，任由身体随水波荡漾，这不仅是对物理学中浮力原理的直观体验，更是一种深层的心理释放。在水的承托之下，个体感受到一种无形的安全感与宁静，仿佛暂时逃离了现实世界的纷扰和重力束缚。这种漂浮状态，为参与者提供了一个独特的反思和内省的空间，从而达到心灵的平静与自我意识的提升。

2. 水中漫游

在水中自由漫游，是一种探索和自我表达的行为。游泳者在水中穿梭，不仅是对自身身体能力的挑战和展示，更是一种对水域空间的探索。这种漫游活动允许个体在水的包围中感受到一种特殊的自由感——一种摆脱了陆地约束，不受方向限制的自由。在这个过程中，个体不仅学习如何与水建立和谐共处的关系，还能在水中的每一次滑动和转向中找到内心深处对自由和探索的渴望。

（二）水上游戏

水上游戏作为一种集体活动形式，兼具娱乐性与竞技性，不仅为参与者提供了一种全新的体验方式，还促进了他们之间的相互理解和友谊的加深。典型的水上游戏如下。

1. 水球

水球游戏主要在水中进行，其基本规则是参与者在水中相互抛接一个特制的水球。这种游戏极大地丰富了游泳的趣味性，使得原本单调的游泳变得生动有趣。水球游戏适宜于不同年龄段的人群参与，不仅能锻炼参与者的游泳技能，还能提高他们的协调性和反应能力。在抛接过程中，参与者需要密切配合，这不仅增强了团队合作精神，也让参与者在游戏中建立了深厚的友谊。

2. 水上排球

水上排球游戏是在水中设置排球网，进行的一种排球比赛。相较于传统的陆地排球，水上排球具有更高的挑战性，因为水的阻力使得球员的移动更加困难，同时也增加了比赛的不可预测性。这种游戏不仅能锻炼参与者的身体素质，提高他们在水中的协调能力和平衡感，还因为水的缓冲作用而比陆地排球更加安全。通过这种形式的比赛，可以加强参与者之间的竞技精神和团队合作意识。

3. 水中接力赛

水中接力赛是一种多人参与的游泳接力比赛。参与者分为几个队伍，每个队伍的成员轮流游泳，将比赛接力棒（或其他标志物）传递给下一位队友。这种游戏强调团队合作和策略安排，每个成员的表现都对整个团队的成绩产生影响。水中接力赛不仅能够增强游泳者的耐力和速度，还能加强团队成员之间的默契和协作。

（三）家庭娱乐游泳

家庭娱乐游泳，作为一种亲子互动和家庭聚会的绝佳选择，内容丰富且形式多样。在快节奏的现代生活中，家庭娱乐游泳不仅提供了一个放松身心的机会，而且促进了家庭成员间的沟通与情感交流。其主要内容如下。

1. 家庭水中游戏

家庭水中游戏主要通过各种水上游戏和活动来促进家庭成员间的互动与沟通。例如，家庭成员可以参与水球接力赛、水中寻宝等游戏。这些游戏既增加了水中活动的趣味性，也增强了家庭成员间的团队合作能力和竞争意识。此外，通过这类游戏，家庭成员可以在轻松愉快的环境中增进理解和互信。

2. 亲子游戏

亲子游戏是专门为家长和孩子设计的游泳活动。这类活动不仅能加深亲子关系，还能够培养孩子的水性。在这种活动中，家长通常扮演教练和伙伴的角色，引导孩子学习游泳技巧，同时加强亲子之间的情感联系。亲子游泳不仅有助于孩子早期建立对水环境的适应能力，提高自身的安全意识，同时也是一种有效的身体锻炼方式。

（四）旅游休闲游泳

在现代休闲活动中，旅游休闲游泳以其独特的形式和魅力吸引着越来越多的人。这种活动将游泳与旅行完美结合，不仅是一种身体锻炼，更是一种探索自然、体验自然美景的方式。其主要分为以下两种类型。

1. 海滩游泳

海滩游泳是旅游休闲游泳中最为常见和受欢迎的形式。这种活动通常在海滨城市或度假区进行，游客们可以在蔚蓝的海水中畅游，享受温暖的阳光和细软的沙滩。在这里，游泳不仅是一种身体上的放松，更是一种精神上的享受。人们在波浪的拥抱中感受大自然的恩赐，听海浪的低语，观海天一色的美景，体验与大自然和谐共处的感觉。

2. 自然水域探险泳

自然水域探险泳则是一种更加刺激和冒险的活动。它不仅限于平静的海滩，还包括在湖泊、河流甚至瀑布中游泳。与传统的泳池游泳相比，自然水域探险泳提供了更加多样和原始的游泳体验。游泳者不仅可以感受到水的流动、温度和深浅的变化，还可以欣赏到湖泊的静谧，河流的活力和瀑布的壮观。这种游泳方式更像是与自然界的一场亲密接触，让人们在游泳的过程中深刻体会到自然界的未知与美丽。

第三节　游泳的价值

游泳是在水中进行的，水的密度和导热性都与空气不同。水的密度是空气的 800 倍，导热能力、压力和阻力都比空气大。因此，游泳对人体的新陈代谢、体温调节、心血管系统、呼吸系统、肌肉系统、生长发育、延缓衰老等都有积极的作用。

一、游泳能够提高心肺功能

游泳时，人俯卧在水中。由于水的浮力，人在水中的重量只有几公斤。人在陆地上活动时，所有器官要支撑比在水中重很多的重量。相比之下，游泳时的负荷量远比陆地上活动对人体的刺激小，平卧在水中还可以减少血液循环系统的阻力和支撑器官的负荷，游泳时各种姿势都要求脊柱充分伸展，对于预防驼背和脊柱侧弯的效果都是很好的。

游泳还能增加呼吸系统的机能。游泳时人的胸腔和腹部都受到水的压力，游泳时胸部承受的压力为 $120\sim150$ kN，给呼吸带来了困难。长期的游泳锻炼，可以使呼吸深度增加，肺活量提高。优秀运动员的肺活量可达 $5000\sim7000$ mL，而一般健康男子的肺活量为 3500 mL 左右。

参加游泳锻炼，可以提高对水温、气温的适应能力，增强体质。很多患哮喘病的儿童就是通过游泳锻炼，增强了体质对冷的抗御能力，减少了哮喘发作次数，甚至治好了哮喘病。

游泳还能够有效地提高和改善人的心血管系统的机能，尤其是从小参加游泳锻炼，可以促进心血管系统的发育，这点是其他运动项目不可替代的。人从平卧状态到静止站立，由于重力对血液的作用，在腿部静脉中积起来的血液约达 600 mL，于是心容积减小。这时机体只好通过加快心动频率以保持心脏每分钟的血液搏出量。这就是人在站立时比平卧时心动频率较快和心容积较小的原因。反之，从站立变为平卧时，体内流体静压减少，血液由身体各部分移往胸腔。由于重力作用对心脏的压力减少，血液回心比站立时容易，因此心容积加大，心率减慢。

游泳时，由于体内流体静压被水的浮力抵消，会产生似失重的感觉。水的压力会把体表静脉中的 700 mL 的血液压回胸腔，因此中心静脉压会明显增高。结果心脏中血液增多，心脏容积增大，心动频率相应减慢。长期坚持游泳锻炼，尤其是长游，能有效地增加心容积，使安静心率减少，一个优秀运动员的晨脉可达到 40 次/min 左右。在完成定量工作时出现机能节省化现象。游泳还可以使血管壁弹性增加，毛细血管数量增加，明显地提高循环系统机能，使血压状况良好，脉压差明显加大。

游泳能够有效地消耗体内脂肪，尤其是长时间地游泳，因为水温与体温相差约 10℃，这会加速人体热量的散发，使消耗加大，很多人都有游泳后胃口大开或饥饿的感觉。游泳加控制饮食，无疑是一种减肥的好方法。实验证明，游泳比长跑、体操、摔跤运动员的热能消耗都大。在 20℃水温中游泳热量的散发是基础代谢条件下的 5 倍，在 5℃水温下游泳 5 min 所消耗的热量相当于陆上长跑 1 h 的消耗。

现代科学研究表明：人体免疫功能中有一种叫作 T 淋巴的细胞，随着年龄的增长而活性降低和数量减少。因此，人到中年后容易患某些疾病，如胃病、冠心病、类风湿关节炎、骨质增生等。这些疾病的产生与人体的免疫功能下降有着密切的关系，而常年坚持游泳或冷水游泳是有效的良方之一。

游泳还有美容皮肤的功效。游泳是在水中进行，长期湿度较高的环境，对皮肤是很好的滋润与保养。当皮肤的水分含量低于 10%，皮肤呈干燥状态，就会变得粗糙。游泳不仅可以增湿，水对皮肤还有按摩的作用。

经常进行游泳训练的人都胸部肌肉丰满，肩部宽阔，体形肩宽窄臀，加上富有弹性的肌肉，给人以健壮、匀称的自然美。

二、游泳是对儿童进行教育的良好手段

大多数家长让孩子学习游泳的目的是，除了学习的一种自我保护技能，使他们的身体得到锻炼，更重要的是让孩子在学游泳的过程中锻炼意志品质，培养遵守纪律的良好习惯。

学习游泳是一项集体活动，也是一种竞争，学习速度是有时间要求的，学得快、学得好的儿童受到羡慕，学得慢的自然就有一种压力。学游泳的孩子 6～7 岁的很多，从小就让他们习惯适度的压力，对他们将来步入社会是有好处的。

学游泳的第一步就是要克服怕水的心理，随着教学活动的进

行，还要克服怕苦、怕冷、怕累这些心理。随着对不良心理的克服，孩子的自制能力会得到提高，自信、坚毅、勇敢的良好品质得到培养，守纪律、讲秩序、互相帮助的良好习惯也会形成，这些都会对儿童思想品质的培养起到积极的作用，对儿童的身心发展有益处。

三、游泳是老年人娱乐健身的好方法

游泳负荷强度比较低，是适合老年人娱乐健身的好方法。参加水中锻炼的老年人，并不一定是游泳高手，在水中行走或带着救生圈活动都可以达到锻炼的目的。因身体过胖，在陆地上活动不便的老年人在水中可以借助浮力进行运动，达到增强肌肉力量，促进心血管机能，提高关节韧带的柔韧性、灵活性的目的。同时，水中运动对老年人慢性病的治疗和身体的恢复都有好处。

老年人参加游泳活动受到世界各国的高度重视。1986 年，在日本东京举行了第一届老年人参加的世界游泳比赛，其中包括水球和跳水。两年之后又在澳大利亚的布里斯班举行，有 25 个国家派出了代表队，运动员达 4000 多人，其中年龄最大的是澳大利亚 90 岁高龄的游泳老将。日本一位 89 岁的老先生也参加了比赛。最后的比赛是男女混合接力，由两男两女组成。比赛的激烈程度和热闹场面丝毫不比年轻人差。

老年人水中健身在欧美一些国家开展得非常普遍。人们称之为"水中疗法"。健身部门专门为老年人开设水中锻炼课，讲授各种水中锻炼方法及对身体各部位的影响。由于老年人参加水中锻炼效果很好，所以参加的人数在成倍增长。有些国家考虑老年人口在不断增加，对老年人的健康越来越重视，把老年人的水中锻炼列为 21 世纪的开发项目。

四、游泳是中青年减轻压力、恢复精力的灵丹妙药

游泳是调节情绪的好手段。人们在紧张的工作之际，情绪经常处于焦虑、忧郁、浮躁不安等状态中。只要到水中游上几趟，通过水流对身体的摩擦和冲击，形成一种特殊的按摩方式，这种自然的按摩，不仅使肌肉得到放松，还会使紧张的神经松弛下来，把那些消极的、对身体产生副作用的心理因素散发出去，恢复积极健康的心理状态。游泳是一项社会性很强的体育活动，参加游泳锻炼大多结伴而行。长时间在一个地方游泳会结识一些新朋友，大家聚集在一起谈天说地，互相交流，使人精神上得到满足。

第四节　游泳运动的基本技术

一、熟悉水性

熟悉水性的目的是使初学者了解、体验水的特性，逐步适应水中环境，消除怕水心理，为下一步学习和掌握游泳技术打下基础。

（一）水中移动练习

（1）扶池边向前、侧、后行走。

（2）在浅水中做各种方向的走、跑、跳。

（二）呼吸练习

（1）站在齐腰深的水中，或由同伴牵着或扶池边，吸气后，把头浸入水中，用嘴和鼻在水中呼气，抬头后用嘴吸气，反复练习。

（2）站在齐腰深的水中，深吸气后，把头浸入水中，稍闭气后用嘴和鼻同时呼气，抬头至嘴接近水面时用力将余气呼尽，吹开嘴

边的水花。当嘴一露出水面时，迅速用嘴吸气，随即把头浸入水中，连续有节奏地做吸、闭、呼的循环动作。

（三）浮体练习

1. 抱膝浮体

水中原地站立，深吸气后闭气下蹲，低头屈腿抱膝团身，双膝尽量贴近胸部，前脚掌轻蹬池底，身体就会自然漂浮于水中。站立时，两臂前伸下压，抬头，同时两腿下伸，脚触池底站稳，两臂在体侧轻轻拨水以维持身体平衡。

2. 展体浮体

水中开立，略下蹲，两臂放松自然前伸。深吸气后闭气，身体前倒并低头，两脚轻轻蹬池底后，两腿上摆，自然伸直稍分开，身体呈俯卧姿势于水中。站立时，先收腹屈膝屈腿，然后两臂下压，抬头，同时两腿下伸，脚触池底站稳，两臂在体侧轻轻拨水以维持身体平衡。

（四）滑行练习

1. 脚蹬池壁滑行

背对池壁，一手拉池槽，另一手前伸，同时一脚站立于池底，另一脚紧贴池壁。深吸气后低头，上体前倾入水呈俯卧姿势，然后上收站立腿，支撑腿迅速屈膝上提，将脚贴在池壁上，臀部尽量提高并靠近池壁，随即两臂向前伸直，头夹于两臂之间，两脚依次用力蹬池壁，使身体呈俯卧姿势向前滑行。

2. 脚蹬池底滑行

两脚并拢站立于水中，两臂向前伸直。深吸气后上体前倒，一腿向前迈出，略屈膝下蹲。当头和肩浸入水中后，两脚依次用力蹬池底，两腿随即伸直上浮并拢，使身体呈俯卧姿势向前滑行。

二、爬泳

爬泳也称自由泳，这是因为竞赛规则允许在自由泳比赛时采用任意姿势，而爬泳的速度是最快的，人们在比赛时几乎全部采用爬泳姿势，因此自由泳也成了爬泳的代名词。爬泳是俯卧在水中，两腿水下交替打水，有几种不同的打腿次数组合。比较普通的有 6 次打腿、4 次打腿、2 次打腿和 2 次交叉打腿。这里仅介绍 6 次打腿组合。

（一）身体姿势

爬泳时，身体保持水平姿势，髋略低于肩，身体纵轴与水平面构成 3°～5°仰角。两眼注视前下方，游进时，躯干围绕身体纵轴自然转动 35°～45°。这种转动便于呼吸、手臂出水和空中移臂，同时有助于手臂在水中抱水和划水。

（二）腿部动作

爬泳时，打腿主要起着维持身体平衡的作用，使下肢抬高保持身体流线型，并协调配合划水动作。爬泳打腿由向下和向上两部分交替进行，向下是屈腿打水，向上是直腿打水。要求两腿自然并拢，脚稍内旋，脚尖相对，以髋关节为轴，由大腿用力，带动小腿到脚部做鞭状打水。动作既有力又有弹性，打水幅度为 30～40 厘米，膝关节弯曲约 160°角。

（三）臂部动作

爬泳的臂划水动作是推动身体前进的主要动力。一个动作周期分为入水、抱水、划水、出水和空中移臂几个紧密相连的阶段。其中，首先是划水速度最快，其次是出水、入水和空中移臂，抱水相对最慢。

1. 入水

臂入水时，肘关节略屈，高于手，大拇指领先向斜下方切插入水，然后前臂和上臂依次入水，入水点在肩的延长线或身体中线与肩的延长线之间。

2. 抱水

臂入水后，前臂和上臂积极外旋，手臂由直逐渐屈腕，提肘，像抱球一样，使肩带肌群充分拉开，掌心由外侧转为几乎正对后方，呈向后对水姿势，为划水创造有利条件。

3. 划水

划水是获得推进力的主要阶段，这个阶段又分为拉水和推水两个部分。拉水是从直臂到屈臂的过程，手同时向内、向上、向后运动，保持高肘，当臂划至肩下方，手在体下靠近身体中线时，屈肘 $90°\sim120°$，既而转入推水阶段。推水在拉水基础上加速连贯地完成，前臂、手掌要以最大面积对水，从屈肘到伸臂，向后方推水。在手划水全过程中，始终感觉有水的压力，手掌平面像摇橹一样做了一次 S 形的摆动。

4. 出水

划水结束后，肩部和上臂几乎同时出水，由上臂带动肘关节向外上方做屈肘提拉动作，将前臂和手提出水面。手臂出水动作必须迅速、不停顿、柔和而放松。

5. 空中移臂

空中移臂是由肘关节带动，使落后于肘关节的手移至与肩、肘呈一条垂直线，这时手和前臂主动向前伸出，做准备入水的动作。在整个移臂过程中，肘部保持比手高的位置，前臂和手腕放松。

（四）两臂配合

爬泳的两臂配合有 3 种形式，即前交叉、中交叉和后交叉。前交叉是当一臂入水时，另一臂处于肩前方，与水平面约呈 30°角，这种配合适合初学者，但速度均匀性差。中交叉是当一臂入水时，另一臂处于肩下垂直部位，与水平面约呈 90°角。后交叉是当一臂入水时，另一臂划水至腹部下，与水平面约呈 150°角。后两种方式一般被高水平运动员所采用。

（五）呼吸与臂的配合技术

爬泳的呼吸动作比较复杂，要在水面上吸气，在水中用口鼻呼气。

1. 呼吸

爬泳时，一般在两臂各划水一次的过程中做一次完整的呼吸。呼吸时，肩和头向一侧转动，使口在低于水平面的波谷里吸气，吸气后做短暂的憋气，当头复原后，在水中用口鼻呼气。

2. 呼吸与臂的配合

以右转头吸气为例。当右臂入水时，口和鼻慢慢呼气，右臂划水至肩下，向右侧转头，呼气量加大；当右臂推水即将结束时，呼气量进一步加大并快速将余气吐出；当右臂出水时，张口吸气，移臂至体侧，吸气结束并开始转头复原，做短暂憋气，脸部转向前下方，右臂入水，开始慢慢呼气。

（六）爬泳的完整配合技术

爬泳配合技术形式很多，其中 6∶2∶1 是采用较多的一种，也就是打腿 6 次，两臂各划水 1 次，呼吸 1 次。

（七）爬泳练习口诀

爬泳如在水中爬，两臂交替把水划；身体俯卧流线型，胸部稍挺肩高身；大腿发力带小腿，两腿交替鞭打水；打水要浅频率快，脚腕放松稍内转；肩前手掌先入水，手臂滑下抱住水；屈臂划水动力大，前抱后推力渐加；划至肩下慢吐气，推水提肘转头吸。

三、蛙泳

蛙泳是模仿青蛙游水的泳姿。在游进过程中，身体位置随手腿动作不断变化，两臂和两腿的动作在同一水平面上同时进行。蛙泳既实用又普遍，比较容易学会，但动作结构复杂，又较将其难掌握好。

（一）身体姿势

蛙泳在游进中，身体位置是不固定的，随着手腿动作而不断变化。在一个动作周期结束后，两臂并拢前伸，两腿伸直，身体较水平地俯卧于水面，有一个短暂的滑行瞬间，头略微抬起，身体纵轴与水平面呈 5°～10°角，以维持较好的流线型。

当划手和抬头吸气时，下颌露出水面，肩部升起，开始收腿动作，这时身体与水平面的夹角增大，约为 15°。初学蛙泳的人容易在吸气时抬头过高而使身体下沉。

（二）腿部动作

蛙泳腿部动作是推动身体前进的主要动力。腿的动作分为收腿、翻脚、蹬腿和滑行 4 个阶段，它们是紧密相连的完整动作。

1. 收腿

当开始收腿时，大腿稍放松，屈膝屈髋，小腿和脚跟在大腿和臀部的后面，减少投影面。收腿结束后，大腿与躯干之间呈 130°～140°角，大腿与小腿之间呈 40°～45°角。

2. 翻脚

当脚跟接近臀部时，两脚迅速翻转，勾脚腕，使脚跟相对，脚尖向外，对准蹬水的方向，以加大对水面，此时两脚之间的距离大于两膝之间的距离。

3. 蹬腿

当蹬腿时，由大腿发力，先伸展髋关节，依次伸展膝关节、踝关节，小腿内侧和脚掌做向下和向后的鞭状蹬夹水动作，直至两腿并拢，两脚自然伸直。蹬夹水要用较大力量和较快速度来完成。

4. 滑行

由于蹬腿的惯性作用，有一个短时间的滑行段，为下一个周期做好准备。

蛙泳腿部动作口诀：边收边分慢收腿，向外翻脚对准水；用力向后蹬夹水，两脚并拢漂一会儿。

（三）臂部动作

蛙泳的臂划水可产生较大的推进力。现代蛙泳技术更强调臂的作用。臂部动作分为滑下、划水、收手和伸臂 4 个阶段。划水路线类似一个桃子形状。

1. 滑下

滑下也叫抓水。两手掌转向斜下方勾手，两臂分开向斜下方压水，当感觉到水对手掌和前臂有压力时，抓水结束，两臂分开约呈45°角。

2. 划水

当划水开始时，手臂向外旋转，同时屈肘、屈腕，随后两臂同时向内、向下和向后屈臂划水。在划水的过程中，应逐渐加速，肘关节保持较高位置以形成有利的划水面。当肘关节屈至约 90°角时，手位于肩的前下方。

3. 收手

当划水结束后，手臂向外旋转，两手同时向内、向上和向前快速转动。当收手结束时，两手掌心相对，肘关节低于手，弯曲成较小的锐角。

4. 伸臂

伸臂是由两臂前移，向前伸肩和伸肘来完成的。

蛙泳手臂动作口诀：蛙泳手臂对称划，桃形划水向侧下；两手屈腕来抓水，屈臂高肘向后划；划到肩下快收手，两肘用力向里夹；两手平行向前伸，伸直放松往前进。

（四）蛙泳的完整配合技术

蛙泳的配合技术比较复杂，一般在一个动作周期中呼吸一次。呼吸方法分为早呼吸和晚呼吸两种。早呼吸是当两臂开始划水时吸气，吸气时间较长，当收手和移臂时，开始低头呼气。早呼吸方法适合初学者，易于掌握。晚呼吸是当划水结束收手时再吸气，随移臂低头呼气，吸气时间较短，一般被高水平运动员所采用。

蛙泳的臂、腿配合，一般采用当臂划水时，腿保持放松或伸直的姿势，收手时腿自然屈膝，开始伸臂时收腿，并快速蹬腿。在配合中，应避免配合动作不协调或中间停顿现象。

蛙泳配合口诀：蛙泳配合须注意，腿臂呼吸要适宜；两臂划水腿放松，收手同时要收腿；两臂前伸腿蹬水，臂腿伸直滑一会儿；划水头部慢抬起，伸手滑行慢呼气。

四、仰泳

仰泳是人体仰卧在水中游进的一种姿势。最初的仰泳是在游泳中仰卧漂浮作为水中休息，后来发展到利用两臂同时在体侧向后划水，两腿做蛙泳的蹬夹水的动作，也称为蛙式仰泳或反蛙泳。

现代仰泳技术采用类似爬泳的两腿交替水下打水，两臂轮流划水游进，臂划水是推动身体前进的主要动力。仰泳时，头部露出水面，呼吸方便，动作简单易学，是人们比较喜欢的一种泳姿，浮力较好的初学者更容易掌握。

（一）身体姿势

仰泳时，身体应该自然伸展，平直地仰卧于水面，头部和肩部略高于腰部和腿部，身体纵轴与水平面构成一个很小的仰角。

（二）腿部动作

仰泳腿打水由上踢和下压两部分组成。仰泳腿的技术与爬泳腿相似，同样是做鞭状打水动作。但是由于是仰卧，所以产生推进力的作用是上踢。此外，仰泳腿上踢开始时膝关节弯曲的程度大于爬泳向下打水时，打水的幅度也比爬泳深。

（三）臂部动作

仰泳手臂的划水动作是产生推进力的主要因素，划水技术的优劣直接影响游泳的速度。仰泳的臂部动作可以分为入水、划水、出水和空中移臂4个主要部分。

1. 入水

一臂入水时，身体向同侧转动，手臂伸直，肘关节不能弯曲，以小拇指领先，手掌朝外，切入水中。手入水时，手掌与前臂形成一个 $150°\sim160°$ 角，使手指先于手掌外侧和前臂入水，以减小入水时的阻力。

2. 划水

划水是获得推进力的主要阶段，这个阶段又分为抓水和推水两部分。抓水是从直臂到屈臂的过程，入水后，手臂先向外旋转、屈腕，使手掌对准水并有压力感，同时向内、向下、向后运动，保持高肘。当臂划至肩下方，手在体下靠近身体中线时，屈肘 $90°\sim120°$，继而转入推水阶段。推水在抓水基础上加速连贯地完成，前臂、手掌要以最大面积对水，从屈肘到伸臂，向后方推水，直至大腿下位置。

3. 出水

出水时，手臂应伸直，压水提肩，使肩部首先出水，然后再带动上臂、前臂和手依次出水。出水前手臂应外旋，使手掌转向大腿外侧，使大拇指领先出水，在这样的阻力下，手臂较自然放松。

4. 空中移臂

出水后，手臂应迅速以直臂方式向前移动，上臂应贴耳。空中移臂的前半段，手掌向内，使手臂肌肉尽量得到放松；当手臂移到头上，即与水平面垂直时内旋，使掌心向外，为入水做好准备。

（四） 两臂的配合

仰泳两臂配合与爬泳一样，应该保证身体得到连贯而均匀的推进力，使身体匀速前进。现代优秀仰泳运动员采用后交叉配合的较多，即一臂入水时，另一臂划水结束，两臂基本处于相反的位置，使一臂结束划水动作后，另一臂能立即产生新的推进力。

（五） 呼吸与臂的配合

仰泳时口鼻始终露出水面，呼吸不受水的限制，但为了避免吸气不充分造成的动作紊乱，运动员一般保持一定的呼吸节奏，多采用一臂移动时吸气，另一臂移动时呼气的方式。

（六） 完整配合动作

现代仰泳较常见的是 6 次打水、2 次划臂、1 次呼吸的配合技术。

仰泳口诀：肩延线上手入水，展肩伸臂抱住水；掌心对水屈臂划，手掌前臂后推水；转肩提臂带动手，空中移臂要放松；一次呼吸两划水，吸气一定要用嘴；推水同时快吐气，转肩移臂挺胸吸；三次腿来一次吸，再踢三次吐出气。

五、蝶泳

蝶泳技术是在蛙泳技术的动作基础上演变而来的。在游泳比赛中，有些运动员采用两臂划水到大腿后提出水面，再从空中迁移的技术，从外形看，好像蝴蝶展翅飞舞，所以人们称它为蝶泳。蝶泳是四种泳姿中仅比爬泳慢的泳姿。由于腿部动作酷似海豚，所以又称为海豚泳。

蝶泳的身体姿势与其他泳姿不同，它没有固定的身体位置。在游进中，躯干各部分和头不断改变彼此间的相对位置。头和躯干有时露出水面，有时潜入水中，形成波浪式上下起伏的变化位置。

蝶泳是四种竞技游泳姿势中最难掌握的一种姿势。蝶泳节奏性强，体力消耗大，现代蝶泳一般采用小波浪打腿的技术。蝶泳时，两臂同时向后划水并经水面上向前移臂，这一动作特点决定了蝶泳一个动作周期中浮力和平衡损失比其他泳姿大。由于蝶泳时运动负荷较其他泳姿大，所以对锻炼身体和增强力量效果显著。

蝶泳口决：蝶泳打腿像海豚，腰带两腿鞭打腿；两腿内旋踝放松，收腿提臀腰腹挺；蝶泳移臂像蝴蝶，低头送肩臂前移；入水展肩抓住水，高肘划水臂内屈；推水之后快提肘，两臂推水头抬起；吸气要快头放低，手臂入水慢呼气；两脚并拢腰发力，身如波浪向前移。

第二章　游泳安全教育

第一节　游泳的安全与卫生

一、游泳安全与卫生知识

目前，游泳已经成为越来越多人的爱好，随着游泳者的增多，游泳时发生意外事故的频率也在增加，包括溺水、骨折、传染疾病等。为确保游泳者的健康和安全，加强安全卫生教育至关重要。需要加大对游泳卫生和安全知识的宣传和普及力度，使游泳者充分认识到安全和卫生问题的重要性，并提升自我保护及救助他人的意识和能力。接下来，我们简单介绍在参与游泳时应关注的安全和卫生常识。

（一）谨记安全第一

游泳是一项在水中进行的体育活动，其特殊的环境要求游泳者保持极高的警觉性，始终将安全放在首位，预防疏忽导致意外事故。

宣传游泳安全知识和注意事项至关重要，应当反复进行。在游泳开始前，教练或管理人员应多次强调安全和急救措施，确保游泳者具备安全意识，并按照规定进行游泳。游泳场所应当高度重视安全防护和管理，根据实际情况配备必要的教学设施和器材，并对救生员进行专业培训，以实战演练为主。无论是工作人员还是游泳者，都应严格遵守和执行既定的安全规定。

游泳爱好者应当尽可能通过组织或与同伴一起游泳，这样比单独游泳更安全，一旦发生意外，同伴可以提供帮助。由于在自然水域游泳的风险通常高于室内游泳，因此应尽量避免一个人在自然水域游泳。

（二）正确选择游泳场所

对于游泳者而言，室内游泳池是理想的选择之一，因为这些场所通常具有清晰的水深标志，经过消毒处理的水质优良，并且配备有专门的管理人员和救生人员，从而为游泳者的健康、卫生和安全提供了较好的保障。在选择游泳馆游泳时，应特别注意避免在水池中嬉戏打闹、长时间屏气，以及在浅水区进行跳水练习，还应避免在池边追逐嬉戏，这些都是重要的安全注意事项。

对于偏好户外自然水域的游泳者，应在游泳前对水域的深浅、清洁程度、水草分布、漩涡和暗流等因素进行全面了解，并综合评估游泳的安全性和卫生状况。如果是在海边游泳，必须提前了解潮汐的涨落时间和规律，并避免前往远离海岸的水域游泳，以降低发生危险事故的风险。

（三）游泳前检查身体健康情况

在进行游泳活动之前，进行体检并依据健康状况来评估是否适合游泳，是一个关键的步骤。如果忽视了自己的身体状况而草率游泳，可能会导致意外事故、疾病传播甚至感染疾病。此外，女性在生理期游泳时应采取适当的卫生措施。

（四）做好充分的身体准备

为了迅速进入最佳的游泳状态，确保身体各机能适应游泳的要求，必须在游泳前先进行彻底的热身。这样做的好处包括提高神经系统的兴奋度，增强呼吸和心血管系统的功能，促进新陈代谢，改善血液循环，增加肌肉的力量和弹性，以及提高关节的灵活性，从而预防游泳时可能出现的拉伤、肌肉抽筋等伤害。

热身活动主要包括跑步、陆上模仿练习、肌肉和韧带拉伸、做广播体操等，旨在全面活动身体的肌肉和关节，特别是那些在游泳中频繁使用且承受较大负荷的部位。

完成热身活动后，不应立即跳入水中，而应先稍作休息，接着进行淋浴，建议使用冷水，这样有助于更好地适应泳池的水温。如果直接跳入水中而不先淋浴，身上的汗水可能会污染泳池水质，影响其他游泳者的健康。

（五）量力而行

未掌握熟练游泳技巧的游泳者应局限于浅水区域活动，而那些擅长游泳的人则可在深水区游弋。不过，无论游泳者的技术水平如何，都应根据自己的能力来调整运动强度，并在感到疲劳时立即停止游泳，移至安全区域休息。在此过程中，应将身体擦干，等到体力恢复后再继续游泳。

（六）懂得呼救、自救，积极帮助他人

在游泳时，如果感觉到自身有任何不适，如肌肉痉挛，应立即采取自我救护措施以减轻症状，并寻求周围人员或救生员的帮助，以便获得更专业的救援。此外，若发现其他游泳者在水中遭遇危险或受伤，应迅速提供援助并呼叫其他人一同参与救援。

（七）注意卫生，遵守文明规定

在游泳时，应保持文明礼貌，自觉维护公共卫生，不要在水中吐痰或丢弃垃圾。个人卫生同样重要，特别是游泳衣的清洁。由于潮湿的游泳衣可能滋生大量致病微生物和细菌，因此游泳后应立即淋浴，并清洗、晾干游泳衣。

二、防溺水安全教育

溺水是水上运动中最常发生的事故，因溺水而造成的意外伤害在游泳安全事故中占据很大比例，因此重视防溺水安全教育可以很

大程度上提高游泳安全。

防溺水安全教育旨在提升公众对危险水域的认识，摒弃溺水的高风险行为，是整个生命安全教育的关键组成部分。这种安全教育有目的和有意识地教育人们如何在水上活动中识别、评估、解决和消除风险，包括学习水上自救和救生技能，以及培养预测和防范水上事故的意识和知识。防溺水安全教育的目标是通过教育措施增强人们对高危溺水行为的安全意识，提高预防和应对溺水事故的能力，指导公众采取预防措施，掌握基本的自我救助和他救技能，以减少溺水事件的发生。

第二节　人工水域和自然水域
游泳的安全教育

一、人工水域游泳的安全教育

游泳池（馆）的建设和对外开放，为游泳爱好者提供了游泳嬉戏的便利条件。这些游泳场所通常拥有较为完善的设备，以及专门化的管理，但也绝不能因此而疏忽大意。尤其是对于游泳初学者来说，掌握一定的游泳安全知识，是减少呛水、溺水事故发生及提高自我保护能力的必要条件。

（一）下水前安全注意事项

全面掌握自己的身体状况。人在水中和陆地上的差异性，决定着人们在下水前必须对自己的身体状况有一个较为准确的了解，最好事先做一个身体检查，尽量杜绝意外事故的发生。以下是不宜下水游泳的情况：患有心脏病、肺炎（肺结核）、精神疾病、肝肾疾病、高血压的人；患有皮肤病、结膜炎、急性沙眼、性病等传染病体征的人；女生例假期；太饿或太饱，以及饭后一小时内；酒后；剧烈运动后；等等。

细心观察环境。下水前，还需要注意环境的因素，细心地观察也是必不可少的。

适应水温。游泳池内的水温一般以 25～28 ℃为宜，下水前可以先试着感受一下，再慢慢地入水，以适应和调节好自己的身体状态。

检查水质。游泳池一般都会对水进行消毒，最好还是了解一下水的含氯量是否超标，以及水中是否有杂质等。

留意安全设施。正规的人工游泳池一般配有救生员和救生设备，安全标志也比较明显。下水前最好留意一下各种标志，遵从相关规定和指导。

充分的准备活动。从陆地上到水中，从静止到剧烈运动，身体必须有一个适应的过程。在这一过程中，应该做一些如慢跑和伸展运动等的准备活动。这样才有利于激活身体机能和神经系统，使身体适应低水温的刺激，减少痉挛和拉伤等事故的发生。

备好游泳器材。根据自己的实际情况，选择合适的泳衣、泳裤、泳镜等。另外，还可以准备一些上岸后清洗身体用的洗漱用品。

（二）下水后安全注意事项

练习强度要适当。每个人的水性不一样，尤其是对于初学者来说，不要贸然模仿他人，随意跳水和深潜。除了要做好充分的准备活动，练习的强度也应该是渐进式的，不可突然加大强度剧烈运动，以免发生意外。也不要下水后总是停留不动，积极活动才有利于提高身体对水温的适应能力。

不要追逐打闹。游泳池属公共场所，应注意相互谦让，不要在水中横冲直撞、嬉戏打闹，以免误伤他人。尤其是在潜泳时，应该尽量避免闭目快游，而不顾及前方是否有其他游泳者的行为。

在水中停留时间不宜过长。游泳时身体热量散发快，体力消耗大，因此在水中待的时间不宜过长，以免体温失调，体力透支，发生意外。如果嘴唇发紫，全身打战，表明游泳者在水中时间太长，散热过多，这时应尽快上岸，将身体擦干，做徒手操或慢跑使身体暖和起来。

露天泳池应避免恶劣的天气状况。在露天泳池游泳时，应避免雷雨等恶劣天气状况，以免发生危险。另外，中午阳光辐射强，也应尽量避免在这一时段游泳，以降低患皮肤癌的风险。

（三）上岸后安全注意事项

游泳结束上岸后，水中的污染物容易残留在身上，所以最好再用清水认真冲洗一遍，以免对皮肤造成不良影响。除此之外，泳衣、泳裤等贴身物品应及时漂洗、晾晒。有些人游泳后，眼睛会发红或刺痒，最好用清水冲洗眼睛，或者用消炎药水滴眼，以避免眼部炎症的发生。如果耳朵或鼻孔浸水，也应该及时处理。

二、自然水域游泳安全须知

（一）安全水域的选择

在自然水域中游泳前，应该仔细观察自然水域的实际情况，看其是否属于具备游泳条件的安全水域。

选择水质清洁的水域。一般来说，江河里的水经常在流动，水质应比池塘水或者湖水要好一些。在选择游泳场所时，可以尽量考虑选择河流上游等水质相对较好的水域。但随着社会的发展，很多河水也被污染，所以在选择水域游泳时最好了解一下水质状况。

选择水情相对稳定的水域。下水前，最好先了解一下该水域水底的情况，尽量选择水流相对稳定的水域。一般水底有淤泥、水草、木桩、急流、漩涡、暗礁和大风浪的水域，应该避开。

选择没有外物袭扰的安全水域。有些江河湖泊中存在血吸虫传染病，所以尽量不要在这些疫区水域游泳。在海滨游泳时，最好选择在划定安全区域的海滨浴场，以免发生被鲨鱼、食人鱼等袭击的悲剧事件。另外，不要在有大船经过的水域游泳，以免游泳者被大船吸入船底或被撞击。

谨慎选择深水区。有些水库虽看起来很适合游泳，但需要注意的是，水库中浅水过渡地段比较少，往往岸陡，一下水就很深。所以在下水前，最好摸清水的深浅状况，不要贸然下水。尤其是游泳初学者，绝对不要脱离救生圈进入深水区。而且一般水越深，温度也越低，低温容易对身体造成不适，引发痉挛，发生意外。

（二）危险境况的应对

江河中的水是流动的，流速也各不相同。水量大而河床窄的地方，常常出现急流。在急流中，人的控制能力就会显得很弱。所以，游泳者一定要根据自己的身体状况和游泳技术水平，量力而行，选择在江河边游。切记不要逞能，以免过度疲劳而发生意外。另外，在遇到各种危险情况时，一定要沉着镇定，不要乱动，并及时呼救，配合救援者的救助。以下是几种意外情况的应对方法。

（1）陷入淤泥时的应对方法。在游泳时，万一遇到不慎陷入淤泥的情况，千万不要采取像在陆地上一样，以一脚踏地努力拔出另一只脚的做法，这样只会越陷越深。而应该使身体俯卧在水面上，两手在体侧连续快速向下压水，同时脚尖自然伸直，随手部下压水时的反作用力，轻轻向上移动，拔离淤泥，然后顺原路退出淤泥地带。

（2）被水草绊住的应对方法。万一被水草绊住时，游泳技术较好的人可以仰浮在水面。试着自己解脱掉绊住肢体的杂草，再以两臂靠近两腿伸直，用手掌划水从原路退回；游泳技术不佳者最好立即呼救，同时手脚不要乱动或直立，以免越缠越紧。

（3）遭遇漩涡的应对方法。漩涡一般出现在水流方向和速度突然转变的地方。有漩涡的地方，一般可以看见水面上的杂物和水流在打转，避开就可以。万一靠近漩涡才发现时，则应用自由泳迅速游过。小的漩涡一般容易挣脱；如果被卷入大漩涡时，千万不要慌张，更不要直立踩水，以免被漩涡吸入水底而危及生命。正确的做法应该是立即将身体平卧在水面，用自由泳或仰泳姿势快速游离漩涡区。

（4）遭遇暗流的应对方法。暗流出现在两条河流的交汇处，它是由两条不同方向的水流互相冲击而成。因此，暗流中水的流动是不规则的。如果在游泳时，万一遭遇暗流，那么就应该迅速地在水面上游出暗流区域，千万不要潜泳，以免被卷入不规则的暗流中。

（5）遭遇风浪的应对方法。遭遇风浪时，应先该沉着冷静，迅速判断风浪的方向和大小，以做出相应的准备。如果是一般的小风浪，可保持原来的泳姿，只要掌握风浪变化的规律，让呼吸动作与波浪起伏相适应即可；如果是大风浪，则应采取顺浪蛙泳、逆浪自由泳的方式游回，动作的频率与风浪的节奏保持一致，并注意调节好呼吸与风浪之间的关系。如果风浪是从前方来的，就应该在浪来之间深吸一口气，接着潜入浪中，等风浪过后再出水吸气，过一次浪换一次气；如果风浪是从后面来的，就从侧面观察，在离风浪一两米的地方深吸气，然后潜入水中，浪过后出水吸气；如果风浪是从侧面来的，就将头转向与浪的相反方向吸气，潜水，浪过出水换气。

（6）遭遇水生物袭击的应对方法。人在水环境中远不如在陆地上灵活自如，所以一定要尽量做好相关的防御措施。万一遭遇鲨鱼等凶猛的水生物时，要先迅速地避开，实在无法避开时，就要同它斗争。为争取自身生命安全，斗争时一个有效的方法就是找准时机迅速攻击它的两眼。同时大声呼救，尽快脱身。

（7）遭遇冷水流的应对方法。冷水流大多数发生在拦水坝前或地下水流入海的地方，或在河流、湖沼中从地下向上喷出的一股冷水流，其水温比附近的水温要低。其实，除此之外，冷水流大多数情况是并无危险的。所以，游泳者在遭遇到冷水流时，不要因为低度冷水的突然刺激而慌乱，精神紧张导致手足失措，反而容易造成危险。所以，遇到冷水流，应保持精神镇定。

第三节　洪涝灾害中的安全常识

一、洪涝灾害基本概念

洪涝灾害主要分为洪水灾害和雨涝灾害两种类型。洪水灾害是由强降雨、冰雪融化、堤坝决口、风暴潮等因素导致的江、河、湖、海等水域水量增加，水位升高并引发泛滥，以及山洪的突发性灾害，又称为"发大水"。而雨涝灾害则是由于大雨或暴雨造成过多的降水无法及时排出，导致土地、房屋等被水淹没的灾害。

洪水灾害和雨涝灾害往往在同一地区同时发生或连续发生，有时难以严格区分，因此它们通常被合称为洪涝灾害。这种灾害一直是阻碍人类社会进步的自然灾害之一。洪涝灾害的形成原因有以下几种。

（1）受季风气候的影响，我国水资源在时间和空间上的分布极为不均衡。部分地区因长时间大量降雨而容易发生洪涝灾害；而另一些地区，冬季降雪量大，春季受多种因素作用，容易出现春涝现象。

（2）低山丘陵地区的地貌特征，如地表起伏、沟谷交错、径流迅猛等，导致该区域内积水难以迅速排出，从而易于引发洪涝灾害。

（3）当地土壤质地黏重，透水性差，不利于水分垂直渗透，加之土壤有机质含量高、含水量多，使得涝渍灾害更容易发生。

（4）人类活动频繁的区域，一方面，一些防洪排涝工程由于设计标准低，维护不及时，导致工程严重老化，河水泛滥时内水难以排出，使得频繁遭受洪涝灾害；另一方面，由于人类活动的过度集中加剧了对当地生态环境的破坏，从而提高了洪涝灾害的发生风险。

二、预防洪涝灾害

在平房或一层楼房中，可以在门槛和窗台下堆放填充了泥土的沙袋或塑料袋，以阻止洪水进入室内。

熟悉前往洪涝灾害避难所的最佳路线，并注意识别路标，确保知晓撤离路径和目的地，以避免恐慌中迷路。

在雨季，应积极关注当地电视、广播等媒体发布的洪水信息和预警，防止因信息不畅而遭遇"水到人未走"的困境。

提前做好应急准备，包括储备易于食用的食品或煮好的食物，准备充足的饮用水、日常用品；制作木筏、竹筏，收集漂浮材料，如木盆、木材、泡沫塑料等，制作成救生设备以应对紧急情况；将不易携带的贵重物品用防水材料包裹后埋藏或放置在高处，小件贵重物品可缝在衣物内随身携带；确保通信设备的可用性；准备哨子、手电筒等应急物品。

在撤离前，确保关闭天然气阀门、电源总开关等，以防止事故发生。

在撤离过程中，遵循指挥人员的指示，保持团结互助，直到危险解除，不要擅自返回危险区域。

三、自救

当洪水肆虐时，平日里温和的水面变得狂暴，以猛烈的势头和巨大的破坏力摧毁房屋，淹没农田，甚至导致人员伤亡。然而，通过科学合理的自救措施，我们可以化危为安，将损失降到最低。

面对洪水来袭，无法及时撤离的人们应迅速前往最近的山坡、高地、楼房或避洪台，或者立即爬到屋顶、高层建筑、大树、高墙等高地暂避。

如果洪水持续上涨，当前暂避之处已不再安全，应充分利用备有的救生设备逃生，或者迅速寻找漂浮物，如门板、桌椅、木床、大块泡沫塑料等帮助逃生。

如果被洪水围困，应尽快与当地防汛部门取得联系，告知自己的位置和遇到的危险，积极寻求帮助。

若不幸被洪水卷走，务必尽力抓住可固定或可漂浮的物体，寻找逃生的机会。

在洪水中有高压线铁塔倾斜或电线断头下垂的情况，必须迅速远离，避免触电风险。

洪水退去后，应做好卫生防疫工作，以防止传染病的暴发。

四、灾后应该注意的方面

在选择饮用水时，应确保水源来自洪水上游或相对污染较少的内涝区域。在没有自来水的地区，应尽量使用井水。在取水时，应使用专门的取水容器，以防对井水造成污染。同时，应对饮用水进行净化和消毒处理，如在煮沸条件下，可以通过过滤来净化水质。

灾后，应避免食用以下食物：被水浸泡过的任何食物；已经死亡的家畜、水生动物；被水淹过的已经腐烂的蔬菜和水果；来源不明确、非专用食品容器包装的、无明确食品标志的食物；霉变严重（霉变率超过 30%）的大米、小麦、玉米、花生等；已经变质或无法确认是否有毒的蘑菇等。

垃圾处理应做到每天清理，并及时运送出去。选择高地进行堆肥处理，并使用塑料薄膜覆盖，周围挖掘排水沟，同时进行药物消毒和杀虫，以控制苍蝇的繁殖。对于具有传染性的垃圾，可以采用焚烧的方式进行处理。

第四节　游泳健身常见损伤及其处理

一、游泳健身常见损伤

（一）膝关节损伤

膝关节损伤在蛙泳运动员中较为常见，通常属于急性软组织损伤。这种专属于蛙泳运动员的膝关节损伤通俗地称为"蛙泳膝"，其发生率在其他泳姿之上。这一现象与蛙泳时蹬腿动作要求两膝和胫骨向外旋转有关，这样的动作使得脚和小腿的内侧部位能够以最大面积对准水的方向。膝关节损伤具有较高的发病率，但却较容易治疗的特征。

膝关节损伤的主要原因在于其解剖结构：膝关节内侧副韧带无法承受突然的外展或内收动作，违反这一自然规律必然会导致损伤发生。在蛙泳运动中，膝关节呈现的状态通常为内扣状态，并且需要进行快速的鞭状蹬夹腿动作，这无疑增加了膝关节的负担。加之训练方法不完善，单一的训练手段和重复性的训练内容，长时间的高强度蹬腿练习，导致膝关节局部承受过重的压力，从而引发微损伤。这些微损伤可能会破坏部分细胞，引发反应性炎症和组织再生。由于这些微损伤的临床症状不明显，运动员可能会继续训练，而训练中的负荷对于正常组织来说是正常的，但对于未修复的损伤组织来说却是超负荷的，从而导致新的微损伤。这种损伤的不断累积和加重最终导致了蛙泳引起的膝关节损伤。

在损伤的早期，运动员在进行强力蹬腿时可能会感到关节、肌肉和韧带处的轻微疼痛，伴随着一种轻微的酸痛感。通常情况下，在进行一段时间的活动后，这些症状会减轻或消失，且不会对蹬腿技术产生影响。然而，训练结束后，疼痛可能会再次出现。虽然功能上没有显著障碍，但运动员往往忽视这些早期迹象，并未及时寻求治疗，而是选择继续训练。

在中期，运动员在蹬腿训练时会感觉到明显的疼痛，且训练后疼痛感持续。伴随疼痛的还有肿胀、硬结、局部硬化、增厚和压痛等症状，以及温度升高。训练后疼痛会加重，休息后有所缓解。这些症状开始影响蹬腿动作的质量和强度。在这个阶段，运动员应该减少蹬腿的运动量，调整训练内容，并在必要时暂停训练，休息几天。治疗措施可能包括理疗、按摩、外用或内服中药，并配合股四头肌的力量训练。重要的是，运动员不应勉强自己继续蹬腿训练。在不加剧症状、减少训练的时间和强度的情况下，加强膝关节的功能性训练。

在晚期，严重受损的小血管会干扰血液循环，造成该区域的缺血和温度降低。运动员将面临剧烈的疼痛，这可能导致行走困难，出现显著的肿胀且活动受限。膝关节可能会感到不稳，影响其正常功能，甚至在休息时也会感觉到疼痛。若在此时形成血栓，截断血液供应，可能会引起组织死亡。在这个阶段，运动员除了感觉到剧烈的疼痛，还可能有局部发冷的情况。此时，应立即中止训练，并与医疗专业人员合作接受治疗。治疗期间，应避免过早返回训练场。恢复训练应逐步进行，以防止再次受伤。随着症状的改善，运动员可以开始进行温和的训练，如逐步恢复蹬腿练习，如果出现任何不适，应立即减量。随着身体适应，可以逐渐增加训练的强度。

（二）肩关节损伤

肩关节损伤是游泳者由于频繁使用肩膀而遭受的伤害。这种损伤通常包括"肩峰下撞击综合征"、肩关节盂唇损伤以及相关的肩关节功能问题，这些都统称为"游泳肩"。患者通常在游泳或举起手臂时感到肩部疼痛，并且疼痛可能延续到手臂的近端外侧。所谓的"游泳肩"主要有两种类型：一种是过度使用肩关节引起的肌肉疲劳，通常通过充分休息可以自愈；另一种是炎症或损伤引起的，医学上称为"肩峰撞击综合征"，这通常是由于游泳时上臂划动超过肩膀或头部，对肩部施加了过大压力，导致肩关节骨头与肩袖长期摩擦而产生炎症，或者是运动过度导致肩关节肌腱受损。

炎症或损伤性"游泳肩"即使休息也无法恢复，抬臂时无力，有的患者在肩外展时会疼痛，有的在肩内收、前屈时疼痛并伴有响声或僵硬感，肩关节功能受限。

（三）肌肉韧带拉伤

肌肉韧带拉伤是指肌肉微细胞损伤、部分撕裂或完全断裂的状态，通常情况下是遭受主动强烈收缩或被动过度拉长造成的。一些游泳者在游泳后可能会发现关节部位出现肿胀和疼痛，并且在用力时感觉无力，这可能就是肌肉拉伤的迹象。

导致损伤的因素包括未进行足够的预热活动就进行高强度、长时间的游泳，肌肉和韧带无法承受如此重的负荷；此外，在学习游泳时，不当的技术动作也可能导致肌肉和韧带受伤。

（四）耳病

耳部疾病，是指因游泳引发的如外耳道感染或中耳炎等问题，其典型表现为耳部红热、疼痛，严重时可能出现耳道分泌物带血。中耳炎还可能伴随其他症状，如头痛、发热、恶心等。

导致这类疾病发生的原因包括：

（1）游泳池内的水质不干净，细菌侵入外耳道，或者不小心呛到水，水通过咽管或鼻腔进入中耳。

（2）游泳时水进入耳内未能立即处理，或是尝试用手指或其他物品清除水时损伤外耳道，造成耳膜破裂，从而使细菌直接侵入外耳和中耳。

（3）当患有上呼吸道感染或感冒时游泳，也可能引发此类耳部问题。

（五）鼻窦炎

鼻窦是头骨和面部骨骼中四对气腔的总称，这些气腔围绕鼻腔，分别称为上颌窦、筛窦、额窦和蝶窦。由于它们的开口接近鼻腔，且鼻窦黏膜与鼻腔黏膜相近，游泳时若不小心呛到水，水可能会进入鼻窦，如果水质不佳，就可能造成炎症。典型的症状包括鼻梁两侧上部的疼痛、鼻涕清稀，严重时可能会有脓性分泌物。

鼻窦炎的形成主要与游泳时的呼吸方式不当有关，如鼻子进水或呛水时，水中的细菌可能会进入鼻腔，当免疫力较低时，就可能导致鼻窦炎的发生。

（六）游泳性结膜炎

游泳性结膜炎，也称为"急性结膜炎"，在日常生活中称为"红眼病"，通常在游泳时受到感染。这种结膜炎的特征是眼睛发红、刺痛，结膜持续充血，并可能伴有光线敏感、流泪以及眼部分泌物增多等症状。

二、游泳健身损伤的处理方法

（一）膝关节损伤的处理

增强下肢力量，特别是大腿内收肌群的力量。在进行游泳之前，不要直接进入泳池，而是要进行充分的准备活动，如膝盖环绕、下蹲、侧压腿等。还可以通过手部按摩或水疗按摩膝盖来进一步放松。

在蛙泳训练中，注意调整训练比重，避免过度集中于单一的踢腿动作，以减少局部疲劳和损伤的风险。

一旦发现膝关节存在损伤迹象，应立即减少运动量，或改变泳姿，甚至直接暂停训练。在伤势恢复后再恢复训练。对于严重的情况，应寻求医疗帮助进行治疗。

（二）肩关节损伤的处理

确保游泳时的姿势正确，以降低对肩关节的冲击和压力。

调整游泳强度，避免过度劳累，确保每次游泳的时间适合个人的体能水平。

游泳前进行充分的热身，特别是对肩关节进行预热，可以在游泳前后用温水清洗关节。

如果肩关节感到不适，应避免一些引起不适的动作，并减少运动量。如果不适感加剧或出现疼痛，应立即停止运动并寻求医疗帮助。

在治疗期间，应立即停止所有导致疼痛的活动或训练。如果疼痛较为严重，应寻求专业医生的诊断，以确定是否需要进行肩峰下注射治疗。在疼痛减轻或炎症减退后，应在专业人员的监督下逐步进行恢复训练，避免急于重返游泳。在接下来的三个月内，避免举重或参与攀岩等可能加剧肩部损伤的活动。

（三）肌肉韧带拉伤的处理

对于轻度肌肉韧带拉伤或痉挛的情况，应将受伤的肢体放置于一个可以使受伤肌肉放松的位置，这样做可以减轻疼痛。

如果怀疑肌肉或肌腱有完全断裂的情况，应该立即在受伤部位进行加压包扎，并固定好受伤的肢体，然后尽快送医院进行确诊。如果需要，应接受手术治疗。

预防措施的有效方法包括对易受伤部位肌肉进行力量的强化，柔韧性的强化，以使屈肌和伸肌的力量达到一个相对平衡的状态。此外，为更好地达到预防的目的，还应充分做好热身活动，对运动量进行合理、具体的安排，并纠正、改进运动技术上的不足。

（四）耳病的处理

应选择水质达标且经过彻底消毒的游泳池或天然游泳场所进行

游泳。对于耳膜受损或穿孔的人，应避免游泳。在游泳过程中，应当注意正确的呼吸技巧，以防呛水。如果耳朵进水，不要随意用手指挖耳，可以使用以下方法排水：一种是将头部偏向进水的耳朵一侧，然后用同侧的脚连续跳动，帮助水从耳朵中排出；另一种方法是将头部偏向进水的耳朵，用手掌紧压在外耳上，屏住呼吸，快速移开手掌，重复这个压吸动作几次，有助于将水吸出耳朵。

（五）鼻窦炎的处理

预防鼻窦炎，要先学会在水中的正确呼吸技巧，以防呛水。如果不慎有水进入鼻腔，为避免水被推入鼻咽腔，进而引发中耳炎，所以不要用力捏鼻。如果已经出现鼻窦炎症状，应遵循医生指导进行治疗。游泳后，可以尝试用热毛巾敷在鼻梁上，以促进血液循环，辅助消炎。

（六）游泳性结膜炎的处理

预防游泳性结膜炎的方法包括提升游泳池的消毒水平，确保池水中的氯含量符合标准。应不允许患有红眼病的人游泳，以免传染给他人。游泳时佩戴泳镜可以有效防止细菌感染，并减少氯水对眼睛的刺激。游泳后，建议使用一滴到两滴眼药水作为预防措施。

第五节　游泳的心理问题及对策

在现实的游泳教学中，往往存在一种倾向，即教练在完成教学任务的过程中，过分注重学生身体素质的训练，而忽略了对他们心理素质的培养。这种做法可能会导致学生在学习游泳时产生诸如胆怯、恐惧和焦虑等心理问题，这些问题不仅会削弱教学效果，还可能在极端情况下引发安全事故。因此，教练必须对学生在游泳学习中出现的心理障碍给予充分的关注，并采取有效措施加以预防和解决。深入了解学生产生这些心理障碍的根本原因，是采取相应对策的前提。

一、产生心理障碍的原因

心理障碍通常是由不利的心理刺激引发的异常心理状态，它是一种暂时的情绪过敏，通常与特定情境和偶然性相关。在游泳教学中，学生在学习动作时可能会有积极和消极的双重反应，这些反应涉及学习动机、情绪和感觉。

在游泳活动中，常见的心理障碍主要表现为对水的恐惧和对水的厌恶。这两种心理状态都是游泳者对游泳内容、方法和特定环境感知后产生的自我保护性反应。对水的恐惧往往出现在初学者身上，尤其是在学习的初期，而且与年龄有关，年龄越大，出现恐惧心理的人越多。而对水的厌恶则通常出现在有一定基础的学生中，在学习一段时间后，进入技术提升和巩固阶段时出现。

（一）对水的恐惧心理产生的原因

（1）直接原因。学习者可能因为曾经遭遇溺水或在学习过程中呛水，导致大脑皮层形成保护机制，从而产生对水的恐惧。

（2）间接原因。学习者虽然没有亲身体验过溺水和呛水，但可能因为曾目睹他人溺水，而产生恐惧感。

（二）对水的厌恶心理产生的原因

1. 个体差异的心理压力

对于初次学习游泳的学生来说，由于传统观念的影响，女生和男生在性别、生理和心理上的不同造成的不适应游泳教学的情境。具体体现在以下几个方面：不同地区环境与现实环境造成的教育差异，对游泳教学中必需的身体暴露的不适应，以及由于异性协作教学形式引起的尴尬和羞怯，从而导致心理紧张。

另外，性格内向的学生往往表现得沉着、稳重，对未知的学习内容和方式持有谨慎的态度。他们在学习过程中倾向于观望和等待，心理活动较为复杂，容易感到压力。相反，性格外向的学习者通常更加乐观、开朗，对新鲜事物充满好奇。他们对于尝试新学习的热情较高，心理活动较为活跃。这种性格差异在游泳现场表现尤为明显，性格内向者可能沉默寡言，而性格外向者则可能急于开始，显示出性格差异导致的显著心理反应差异。

2. 对游泳的认识和兴趣不足所引发的心理表现

游泳学习者来自不同的背景，他们的生活和教育环境各异，导致他们对游泳的理解和体验大相径庭。有些学习者可能从未接触过游泳环境，甚至从未体验过与水相关的活动，这可能导致初学者感到恐慌、紧张，甚至质疑自己的运动能力。

3. 固有经验的有无所导致的行为表现的不同

经过调查发现，大多数初学游泳的学生更倾向于在浅水区嬉戏，而敢于游向深水区的学生较少，他们对水的特性了解不多。在实际练习中，学生的表现通常有两种：一种是因为对游泳完全陌生而感到兴奋，这些学生往往急切地想要尝试，但由于缺乏经验和感觉体验，他们可能会显得茫然和不知所措，同时他们对学习新技能的方法充满好奇和热情；另一种是那些已有一定游泳基础的学生，在教学中发现自己的技巧被否定时，可能会感到沮丧，信心受挫，甚至变得消极和消沉。他们在学习过程中可能会急于看到成果，但由于难以改变原有的错误姿势，可能会感到紧张和困惑，这限制了他们水平的发挥。

4. 同步学习而不能同步完成学习任务所导致的心理变化

教学过程是按照一定程序进行的，包括学期教学计划，每节课的设计，单个动作的规划以及多个动作的协调、过渡和连贯，这些都展现了教学内容的深度和不同教学部分之间的关联。虽然学生的先天条件和能力各不相同，但他们对学习过程的态度、投入的精力和体力是可以通过自我管理来控制的。积极、主动的参与和勤学好问与消极、敷衍了事和不求甚解的态度，自然会导致学习效果上的差异。忽视学习的环节和细节，盲目追求目标，最终会在学习质量上体现出来。依赖旧有经验，不发挥自己的潜力，不能客观评估学习过程，或不能按时完成学习任务，都可能导致心理障碍。良好的"水感"是提升游泳技术的关键心理因素，这不是通过短期训练就能形成的，而是在学习和训练过程中逐渐培养的。

二、克服心理障碍的方法

（一）培养学生顽强的意志品质和克服困难的精神

为了帮助学生克服对水的恐惧，教练应有意加强对学生意志力的培养，教育他们变得勇敢和坚韧，并使其树立克服困难的决心。教练还需结合游泳教学的具体环境，制定相应的教学内容和方法，运用适当的教学工具，以帮助学生战胜内心的恐惧，培育他们坚强的意志和面对挑战的勇气。引导学生运用自我心理暗示和同伴间的相互激励来提升自信。通过教授理论知识，让学生理解学习游泳的重要性，包括游泳对身体健康的益处，并认识到游泳不仅是健身技能，也是自我救生技能。让学生了解人与水的关系，并相信只要勤奋练习，就能掌握游泳技能。在游泳教学实践中，教练应根据学生的个别情况采取不同的教学方法，多给予其鼓励和正面反馈，及时注意到学生的进步，并给予其表扬，以此增强学生面对挑战的信心。

（二）创建良好的游泳教学情境

人的情绪会随着周围环境的改变而产生变化。在特定的教学环境中，教练的某种情绪状态可能会成为课堂上的主导心理氛围。为了达到良好的教学效果，教练应依据游泳教学的独特规律和特性，有意识地构建特定的教学情境，让学生在这些情境中进行训练。通过这种方式，可以打造独特的课堂心理氛围，激发整个课堂的情绪

"共鸣"，从而增强教学的吸引力和效果。

鉴于游泳教学所处的独特教学环境，教练需要加强对各个教学环节的监管，并实施必要的安全保障措施，以预防意外事故的发生。在课程开始时，教练必须确认学生人数，并在课前明确课堂纪律要求。对于那些在课堂上不遵守指令的学生，教练应进行批评指正，此外，在游泳实践课程中，可以采用混合分组的方式，将技术水平较高的学生与技术水平较低的学生分组在一起。这样，技术较好的学生可以协助技术较差的学生，帮助他们克服恐惧，更加积极和自信地进行练习。

(三) 加强熟悉水性的练习

1. 水中水性练习

在游泳教学中，熟悉水性的练习是掌握游泳技能的基础环节。考虑到游泳运动的特点，初学者和有心理障碍的学生尤其需要在浅水区域进行这一阶段的练习。在适应水环境的过程中，应系统地组织各种练习，将学习游泳动作技术与克服对水的恐惧心理结合起来。例如，通过练习水中呼吸、漂浮、滑行等基本技能，学生可以逐渐适应在水中的各种情况。

2. 陆地模仿练习

陆地模仿练习对于初学游泳者来说至关重要，因为它可以帮助学员形成正确的动作表象。陆地上的动作规范直接决定了水中动作的质量。因此，初学者应当认真对待陆地练习。比如，他们可以在陆地上先练习呼吸技术、手臂划动技术、腿部蹬夹技术和水中漂浮滑行技术等基本动作。通过这样的陆地模仿练习，学员可以在下水之前形成清晰的动作表象，并通过视觉神经对动作的正反方向进行判断，从不同角度和方位分析动作的准确度，从而更好地理解动作要领。

3. 水陆结合

结合水中和陆地上的训练是巩固游泳技术动作的基本策略,同时也是提高技能水平的关键方法。以蛙泳腿的练习为例,初学者首先在陆地上学习收脚、翻脚和蹬夹水的动作要领,然后将这些动作应用到水中的滑行实践中。如果在水中练习时发现动作执行有误,应立即返回陆地上进行巩固和纠正。这样的水陆交替练习应持续进行,直到动作被正确掌握。

4. 动作完整技术的体会

完整的游泳技术是分解技术的综合,也是学习过程中最为复杂的环节。教练需要根据学生对各个分解动作的掌握情况,逐步引导他们从分解动作过渡到完整的技术动作。在这一过程中,教练的指导作用尤为关键。教练可以通过讲解和示范,帮助学生形成完整的技术动作表象,随后让学生进行实际操作。在学生练习时,教练应提供适当的指令和信号,使学生能够更直观地感受动作的要领。

(四)加强学生身体素质训练和基本运动能力的培养

全面发展的身体素质是学习和掌握体育技术和技能的基础,同时,正确的运动技术和技能也能最大化锻炼效果。例如,在准备活动中,可以适当地增加柔韧性和灵敏性的练习,而在结束部分,可以进行一些力量、速度和耐力等方面的训练。提高身体素质有助于学生更好地掌握游泳技术,而熟练地掌握游泳技术则是克服心理障碍的最有效途径。

(五)运用心理训练方法引导学生克服心理障碍

教练可以运用运动心理学的知识,并结合游泳项目的独特性,来进行游泳心理素质的训练。在游泳教学中,教练需要理解学生的年龄、性别、心理特征,以及造成心理障碍的原因和他们在课堂上的不同表现，有针对性地进行心理训练，以帮助学生逐步克服或减轻心理障碍。心理训练应遵循逐步提升的原则，通过外部因素激发学生内部变化，培养他们良好的心态和自觉积极性。同时，训练应随着学生心理状态的逐渐成熟而逐步进行，即运动量应从低到高，强度应从小到大，训练手段应从简单到复杂，这样的方法有助于增强学生学习游泳的信心，以及克服对水的恐惧和厌恶心理。

第三章　拯溺组织的发展

古人活动轨迹主要围绕具有辽阔水资源的地区进行，游泳最初的用途主要以生存和捕猎为主。古人通过对水中动物的动作模仿，如鱼类、蛙类等，在水中进行捕猎等活动，逐渐形成了游泳动作体系。随着人类的发展，冲突和交融日益频繁，从而形成了以水路为主的交流网络。水路交流网络作为人类重要的交流网络之一，也催生了一些水上特种行业的蓬勃发展，拯溺组织也在此时出现。

第一节　早期拯溺活动的发展

拯溺活动伴随人类文明而出现，目前根据官方的记载，拯溺组织的发源可以追溯到公元前 63 年古罗马组建的一支救生部队，这支部队除了维持当地治安、救火、救援，还对落水的士兵和平民进行救助，这也是史料记载的第一支有规模的拯溺队伍，由此可以推断民间的拯溺活动应该要早于这个时期。

随着航海技术不断地探索，海上贸易日益频繁，海上文明也蓬勃发展。各种拯溺器材和救援技术也百花齐放。15～17 世纪，大航海时代的技术与器材得以定型，并在航海中发挥重要作用。

18 世纪 20 年代，法国官方开始向法国民众传授拯防溺水知识。18 世纪 50 年代，瑞士政府在苏黎世发行了第一本有关拯溺的教材，供平民学习，这也是世界上第一本被官方发行的关于拯溺的教材。

1767 年，当时的海上强国——荷兰，在阿姆斯特丹成立了海上救援会，主要对各种救生方法进行研究与改良，这种海上救援会得到了欧洲各国效仿。1768 年，海上救援会会章被俄国圣彼得堡的皇室科学研究院译为俄文，就此开启了近代拯溺活动时代。

第二节　近代拯溺组织发展史

近代拯溺组织，发源于 17 世纪 60 年代的欧洲，游泳运动在欧洲极为盛行。1819 年，在英国伦敦成立了第一个近代拯溺组织，这个拯溺组织与荷兰成立海上救援会职能上有所不同，其主要职能是游泳时救生与救援，也是现代拯溺组织的雏形。同时，还组织举办了英国最早的游泳比赛，也是为了吸收更多的会员壮大组织。

1828 年，世界上第一个室内泳池在利物浦乔治码头修造。随之，室内泳池在英国各大城市相继出现，从而拯溺从业人员也相继出现，泳池的法规制度也在此时问世。

1869 年，大城市游泳俱乐部联合会（现英国业余游泳协会前身）在伦敦成立。同时，游泳比赛项目增加了一些有助于水上救援的游泳姿势。并随之传入各英殖民地，继而传遍全世界。在上海外滩的原划船俱乐部（英）遗址就是同时期传入我国的，也是目前我国保存较为完整的近代泳池遗址（4 泳道，25 米长）。

1878 年，法国海上救生会召开了第一届国际海上救生会议，参会国主要是欧洲各国。1891 年，英国皇家拯溺会成立。1899 年，意大利拯溺会成立。同年，法国也成立国家性质的拯溺会。进入 20 世纪初，各国都纷纷成立了各自的国家性的拯溺组织。其职责就是推进游泳运动及救生技术。

1910 年，国际水上救生协会（FIS）成立。

1957 年，世界救生协会（WLS）成立。

1993 年 2 月 23 日，在比利时，国际水上救生协会和世界救生协会合并，成立国际救生协会。协会规定每两年召开一次理事会，主要内容围绕各个国家救生发展、援助计划，以及对新加入协会的各国会员组织和要求加入协会的组织进行考察与投票等讨论。2006 年，我国正式成为国际救生组织成员国。

国际救生协会会定期举办国际性水上救生赛事，以促进国际救生事业和技术的发展。

第三节 我国拯溺的发展

一、我国拯溺发展的阶段划分

我国水资源众多，随着文明的发展，渡运、航运和水上贸易也日益频繁，随之而来的水上事故逐渐增多，人员溺水、沉船的情况时有发生。

长江流域由于特殊的水文特点，在我国水上贸易和水上文化的发展中发挥着重要作用，南宋时期长江流域重要渡口和码头均有当地各界乡绅共同捐助银两，置办船只和招募水性好的人员，在长江流域重要渡口都组建了渡口救生会，义务救助渡口区域的遇险船只和落水民众。伤者给予救助，亡者善后料理。

我国的拯溺发展大体上可分为以下四个阶段。

（一）官民共治，管理有序（明清时期）

我国幅员辽阔，有丰富的水资源，海岸线漫长。内陆有很多河流和湖泊，包括我国的母亲河——长江和黄河。长江也是交通运输的主要干道。早期的救援工作主要集中在预防水上交通事故上。历史记载，盛唐时期，为了减少水上交通事故，政府设立了专门的"篙工"领航，在关键地点引导交通。这些早期的救援人员因其出色的游泳能力而从民间被选拔出来。到明清时期，官方救援人员驻扎在长江沿岸的关键地点，形成了一个被称为"救生红船制"的综合救援管理系统，因其独特的红船而得名。该系统主要通过政府与民间的联合努力进行管理，以私人投资支付运营成本为主，政府资金为辅。明清时期以救生红船制为代表的救助机构的建立，大大减少了损失，挽救了无数生命，翻船事件明显减少。当遇到溺水危险发生时，大多数人都被活着救了出来。

（二）管理无序，停滞不前（近代）

近代，由于政府重视程度的下降和预算的限制，包括那些与救援工作相关的如救生红船制的效果逐渐下降。随着八国联军入侵，外国的占领和不平等条约的签署，许多主要城市成为外国租界，外国人居住在境内，建造包括游泳池在内的休闲设施供他们享用。上海就是这样一个城市，在 20 世纪初，公共游泳池的建设导致了救生员的出现，不过由于这些场所只为少数人提供服务，而没有大众可及性，导致救生员的数量有限。

（三）分散管理，发展不平衡（中华人民共和国成立后至 1998 年）

中华人民共和国成立后，政府非常重视救援工作，同时拯溺也得到了全国人民的高度重视。北京、天津、浙江等相关部门出台法规，加强对游泳场馆的管理和要求。但是，各省市发展水平参差不齐，一些省市还没有成立救生组织或机构，呈现经济欠发达地区次于经济发达地区，内陆地区次于沿海地区的局面。

（四）统一管理，稳步前进（1998 年后）

中国游泳协会救生委员会于 1998 年 8 月正式成立。同时，为了强化我国的救生工作，制定了统一的救生相关的文件或教材，如《中国泳协救生员培训基地的有关规定》等，既规范了救生员培训考核体系，又加强了对救生员的管理。另外，在北京、上海、广东等地建设了救生员培训基地，部分高校获批培养等级救生员的学生，如中国人民解放军体育学院、北京体育大学等。此外，还组织访问国外的救生组织，并邀请其到国内进行交流。经过几年的统一管理，绝大多数地区都开始组织水上救生机构，加强训练、管理、竞赛制度的建设，并取得了良好的成效。

2005 年 1 月，中国救生协会成立。

2007 年 11 月 22 日，游泳救生员正式成为劳动和社会保障部认可的职业之一。

2008 年 5 月，国家体育总局职业鉴定中心，在杭州举办了第一批游泳救生员培训班。

2009 年，上海、浙江、广东等沿海省市的拯溺协会骨干和北京体育大学等高校教师参加了在澳门举办的海峡两岸暨港澳地区的海浪救生文化交流会。

2010 年，浙江舟山群岛新区拯溺协会和浙江海洋学院（现浙江海洋大学），邀请了我国台湾地区资深海浪救生专家团，考察了舟山群岛新区海滩水域环境，进行了海浪救生文化交流，举办了一期对高校大学生海浪救生讲座。同时，专家团还参观和考察了普陀山海滨浴场和朱家尖南沙海滩水域，为海浪救生理论研究和举办培训班奠定了基础。

2011 年，中国救生协会联合浙江省拯溺协会，在浙江舟山群岛新区举办全国海浪救生员培训班，参加人数 100 余人，邀请了具有澳洲海浪救生主考、英国海浪救生主考、美国夏威夷喷射橇救援资深教练、ERC、ILS 国际 BLS/AED 教练等海浪救生专家团队担任主讲，并在救生员培训、救生器材设备投入和救生站的设置和建立方面做了大量工作，促进了海滨浴场的安全预警、安全设施、规章制度和管理条例的建立健全。其拓宽了视野；转变了理念；提高了技能，使我国海浪救生员的救援技术水平有了大幅度的提高，收到了良好的效果。

二、我国拯溺发展中存在的问题和建议

（一）我国拯溺发展中存在的主要问题

在国家相关部门的统筹管理下，我国的救生工作成效显著，社会上的认可度也得到了极大的提升。然而，救生工作在我国仍处于起步阶段，面临着不少主观和客观障碍，其发展也受到了影响。

1. 管理部门重视不够

拯溺是一项涉及社会众多方面的、受管理部门关注的工程，这也说明，拯溺的发展在一定程度上会受到政府支持的影响。尽管中国救生协会在近几年取得了不错的成绩，但还并没有受到足够的重视，从而延缓了整个救生工作的发展进程。各省（市）的救生工作依托于游泳运动管理等部门，作为"副产品"存在。因此，救生工作尚处于初级阶段，其合理的市场化发展受到制约。

2. 国民救生意识淡薄

一个人的生存应急能力通常可以通过其救生意识得到体现，而救生意识在有针对性的训练之后可以得到提升。目前，大部分普通民众救生意识薄弱，自救和救护能力不强，因此在意外事故中受到的伤害度也会较高。其中，青少年儿童群体因其年龄较小，生活常识和体力不足等，在意外事故中受到的伤害最大。

3. 救生宣传不够

救生的第一步就是要"防"，在事故还没有发生前就需要采取有效宣传，预防发生危险事故，以及在危险事故到来时能够有能力进行救护。加强救生宣传，使游泳参与者对救生的相关知识和意义有所了解，增强大众的救生意识。

救生宣传工作在救生工作中占据举足轻重的地位，但目前可以看出我国的宣传力度尚显不足。媒体关注的焦点和报道的通常是游泳溺亡事件，而忽略了更为重要的救生信息。这种偏差既反映了传媒工作者的认识问题，也体现了公众的认识水平。相较之下，救生工作在国外发达国家却受到极大重视，如游泳场建立了专门的信息网站，普及场馆情况及救生知识，这对于防溺水来说，具有积极的作用。

4. 救生管理体制滞后

1998 年，中国游泳协会救生委员会成立，统一管理国内的救生工作。但目前救生协会普及不广，很多地区还未形成完善的救生组织，出现管理职能不明确，不知道怎么管理的现象。在这种情况下，除了出于商业原因忽视游泳场所的安全管理，还有行政部门的监管力度不够，缺乏一些法律法规来保持约束。从国家到地区都缺乏一套完整、详细、具体的救生管理体系，这是需要引起关注的。

5. 救生相关法规滞后

水上事故可能由多种因素引起，但通过综合防控措施，可以有效减少或避免这类事故的发生。游泳场所作为商业机构，其运营活动涉及商业行为，一旦发生溺水导致的事故，则需要根据具体情况给予合理补偿。为了确保双方都能接受处理的结果，必须依据预先设定的法律条款进行处理。然而，目前国内缺乏专门针对游泳场所溺亡事故处理的法规，这在一定程度上使得法院在作出判决时面临挑战，有时甚至会出现令双方都不满意的判决结果。

溺水事故赔偿的法律规定滞后，可能会使得判决结果具有争议性。一些法院在处理时可能会参考交通或旅游事故的赔偿标准，但这种方式并不一定适用于游泳事故。

6. 救生员培养类型单一

我国根据社会需求培养了两种主要的救生员类别：一种是游泳池救生员，其是重点培养类别，分为初级、中级、高级和国家级；另一种是海浪救生员，与游泳池救生员相比，海浪救生员尚未设立明确的级别划分。目前，我国救生员的培养主要集中在游泳池救生员，而开放性水域的救生员培养同样需要重视。

7. 救生员的素质较差

对于一名救生员，须要求其具有良好的道德修养，优秀的游泳技能，健康的身体等素质。但是，由于地方差异性和各地区的标准不一致性，救生员的素质出现较大的差异，普遍较差。中国救生协会成立后，统一了培训教材和标准，但由于师资水平不一，部分地区培训流于形式，救生员能力不足。此外，一些救生员培养机构对资格审核没有形成高严格的要求，甚至让未达标准的人员获得等级证书。还有些救生员文化素质不足，责任心不强，工作中存在态度问题和擅自离开岗位等行为。

8. 救生竞赛规模小、水平低、不普及

救生竞赛是反映拯溺发展水平和社交关注度的重要手段。1988年之前，我国就组织过救生竞赛，但其规模较小并没有产生多大影响，而后1998年中国救生协会成立，开始陆续每年举办全国性救生竞赛，如在北京、上海等地举办救生比赛。2002年，在厦门举办首届海浪救生赛，并邀请香港特别行政区救生队参与。尽管如此，我国的救生竞赛在成绩、普及度和竞赛体制等方面与国外救生强国相比仍有差距，主要包括以下原因。

（1）国家支持不足。由于我国体育体制需要依赖国家的规划与扶持，若国家支持不足，就会在很大程度上制约救生竞赛的发展。

（2）资金投入有限。救生竞赛需要国家的大力投入，但目前对篮球、足球项目的投入占比更大，而对救生竞赛却不多。

（3）非奥运会项目。救生属于非奥运会项目，所以对其重视程度较小，这也制约了其发展。

（4）竞赛体制不完善。

（5）技术落后。

（6）经验不足，包括竞赛机会有限和裁判员经验不足等。

（7）训练手段落后。

（二）我国水承溺发展的主要建议

1. 完善救生员培训体制，适应 21 世纪救生员培养的需求

为了全面提升救生员的综合素质，培训内容应丰富多样，涵盖基本知识，还应区分不同级别救生员所关注的重点，同时增设书写操作程序、专业行为、体能以及信息交流等方面的训练。此外，应确保培训体系的多元性，以游泳池救生员为核心，扩展至涵盖所有

与水域相关的救生技能培训，满足不同人群的救生培训需求。培训机构应具有独立性，区分管理结构和培训功能，以强化管理机构的监管职能，并严格执行培训与考核分离的制度，确保救生员培训的高标准和高品质。目前，对于培训机构的规模应有所提升，对于那些教师资源、硬件设施达到标准的高等教育机构，可以授权颁发初级救生员证书。

2. 完善救生的管理体制，形成规范、有序的管理体系

国家相关部门须强化救生工作的行政管理，允许中国救生协会拥有更多的管理权限。规范救生员的注册和年度审核制度，确保救生员在上岗前接受必要的救生知识和技能培训或复习，提升救生操作的熟练度。同时，制定完善的、详细的救生相关的法律法规，明确救生事故的法律责任，确保事故处理具有法律依据。救生管理部门应与公安、工商等部门协作，加强对公共游泳场所救生工作的监督检查，严肃处理违规场所，表彰和奖励表现优异的场所和救生员。加快救生员职业标准的制定，将救生员职业纳入国家职业分类，提升救生员的社会地位，加快其职业化进程。另外，相关救生部门要对溺水事件进行分析，统计相关数据，并为政策的制定提供依据。

3. 增加拯溺资金投入，加快救生的发展步伐

救生产业的发展应兼顾经济效益和社会效益，有序推动救生产业的商业化，避免在初级阶段过度追求商业利益而影响救生员培养的素质，影响救生事业的长期发展。国家相关部门应关注救生竞赛活动，完善竞赛体系，加大投入，推广救生竞赛，扩大其社会影响力和参与度。

4 加强拯溺宣传，提高大众救生意识

拯溺宣传应当全面利用多种传媒方式进行，以确保信息的广泛覆盖。

（1）互联网作为一种高效的宣传媒介，其潜力尚未在国内救生

领域得到充分挖掘，国外游泳俱乐部普遍建立了救生网站，而国内尚无此类专业网站。

（2）将救生技能教育纳入国民教育体系，特别是在中小学的体育与健康课程中引入救生知识，可以有效提升学生的生存技能。

（3）启动救生青年志愿者项目，鼓励更多年轻人参与到救生活动中。

5. 结合拯溺实践，加强拯溺理论研究，完善救生理论体系

在拯溺事业发展的初期，应当成立拯溺研究组织，专注于救生员的训练、拯溺技术的革新以及拯溺管理的研究。此外，可以通过创办专业的拯溺出版物来促进拯溺理论与实践的沟通与交流。目前国内救生专栏较少，如《游泳》杂志，但可以通过此类平台逐步拓展拯溺领域的出版和交流。同时，在这一阶段，加强与拯溺先进国家的交流合作至关重要，通过学习借鉴他们的先进救生员管理经验和培训方法，可以不断提升我国拯溺理论和实践的标准，完善救生体系。

三、我国拯溺的发展趋势

在国际先进的救生理论的指导下，树立正确的拯溺理念，虚心学习先进国家的经验和教训，教授科学的、正确的和实用的拯溺方法。

加强国际、国内交流拯溺方面的实践、医疗及科学经验，与国际接轨，接受先进的救生器材和设备，促使在水域中的相关器材、信息、符号及管理法规、规定取得一致，提高救生员的技术和技能水平。

确立水（海）上救生技巧和实施方法，并开展培训班和课堂教育活动。在现代国际救生技术发展的基础上，发达地区的学校可先行举办有关拯溺的课程和培训，将国际拯溺的教学及活动推广到全国。

政府可依托高校、协会推广和组织救生活动和运动会，定期组织和参加国际、国内的拯溺比赛，以激发游泳爱好者的兴趣，提高其救助在水中遇险人员自觉性，并经常演练相关内容和项目。

加强与协会单位协作，寻求与具有相同人道主义目标的国际组织之间开展水上救生的合作机会，让拯溺救难服务于社会，为人类进步作出贡献。

为了有效地救助水上遇险者，保护生命和财产安全，需要探寻最佳的救援方式和方法，对溺水者实施及时的抢救和紧急医疗处理。

采取措施避免水、沙滩污染和其他对公共水域使用者构成危险的因素，配备基础的救生设施和救生站，建立一支高素质人才组成的救生员队伍，随时准备参加救援任务。

政府牵头，协调交通、保险、公安、教育等方面的合作，保障拯溺为水上经济、水上文化、水上科学服务保驾护航。

第四节 防溺水的价值

一、拯溺活动的功能

确保公众游泳者的安全是拯溺活动的核心任务。水环境提供的锻炼效果和危险性并存，外加各种外部因素，增加了溺水的风险。组织拯溺活动至关重要，其宗旨是为游泳者创造一个安全宜人的游泳环境，让他们能够尽情享受游泳的乐趣。因此，拯溺活动最基本的功能就是保护公众游泳者的安全。

拯溺工作的关键不仅在于对遇险游泳者的及时救援，更在于预防溺水事故的发生。预防措施不仅需要外部支持，更需要提高游泳者的自我保护意识。游泳者通过媒体接收救生宣传和参与救生训练的机会有限，但在拯溺活动中，他们可以成为其中的一部分，并在其中积累经验。例如，参与救生员的救援活动，目睹救援过程，接受救生员的建议和帮助，从自己的不当行为中吸取教训，从而在拯溺活动的运行中提高自身的安全意识。

救生技术的提升和改进是拯溺活动的另一个关键要素。救生技术是执行救援任务的基础，也是确保救援有效的关键。救生员的技能主要在培训和注册训练中通过模拟练习来培养，但这些练习与实际操作之间存在差距。实际救援活动复杂且受多种因素影响，这是模拟练习所无法完全体现的。救生技术必须在拯溺活动中得到实际应用，才能真正实现将学到的知识运用于实践，并通过实践进一步优化和提升。例如，观察技术在培训中只是理论介绍，而只有在拯溺活动中，救生员才能学会根据游泳者数量、特征和不同救生岗位来调整观察方法，并持续改进和完善这些技巧。

二、防溺水的价值体现

进行拯溺活动时，对于溺水事故的防范至关重要，只有提高人们对溺水的认知，才能更有效防范溺水事故的发生，以及在发生溺水事故时可以更顺利地进行救生。

近年来，溺水事故频发，溺水已成为意外死亡的主要原因之一，面对时有发生的溺水事故，如何提高防溺水意识，开展具有针对性的防溺水安全教育是需要各拯溺组织以及全社会群策群力、共同应对的问题。

进行防溺水安全教育，能够有效地树立正确的健康观、生命观和价值观。进行防溺水安全教育，有利于建立正确的是非观，认识到溺水的危害，形成躲避溺水的意识，掌握防溺水的基本方法，了解危险水域私自游泳的危害，掌握正确的防溺水技能。进行防溺水安全普及性教育，能够普及溺水的危害性，基本的求生技能，以及基本的自救和他救方式，为建立正确的防溺水是非观打下坚实的基础。

防溺水的价值体现在以下几个方面。

（1）保护青少年生命安全。溺水是青少年受到意外伤害的主要来源之一，通过有效的防溺水措施，可以减少青少年溺水事故，保护他们的生命安全。

（2）减轻家庭和社会的痛苦。溺水事故往往给家庭带来无法弥补的损失，给社会带来伤痛。防溺水工作可以减少这种痛苦的发生。

（3）提高公众的安全意识。通过开展防溺水宣传教育活动，可以提高公众的安全意识，使更多的人了解并掌握防溺水知识和技能。

（4）促进社会和谐稳定。保障人民的生命安全，有利于社会的和谐稳定，为国家的未来发展提供有力的人力资源保障。

（5）落实教育部门的职责。教育部门负责学生的安全教育，通过开展防溺水工作，可以落实教育部门的职责，提高学校的安全教育水平。

（6）减少社会负担。溺水事故的发生会给社会带来巨大的负担，包括救援、善后处理等方面的资源消耗。防溺水工作的落实有助于减少这种负担，使社会资源得到更加合理的配置。

综上所述，防溺水的价值非常高，需要全社会共同关注和参与。

第四章　常见溺水时间与地点

第一节　溺水事故概述

一、基本概述

溺水是全球公共安全领域的一个严峻问题，在近十年间导致了全球超过 250 万人的死亡。当一个人的气道被液体完全覆盖时，溺水便开始了，可导致大脑和心脏等关键器官缺氧。若溺水持续超过2 分钟，个体可能会失去意识；若持续时间进一步延长至 4～6 分钟，则神经系统可能遭受不可逆转的损伤。溺水可被归类为故意、非故意和意图不明确 3 种类型。

2002 年的世界防溺大会上对溺水作了如下定义：因淹没/侵入液体而有呼吸困难的过程。《世界预防儿童伤害报告》中提出，溺水是指液体进入气道而引发的呼吸问题，其结果可能是死亡，也可能是生存。

溺水不仅是简单地呛水，它更多的是因为吸入过量的水，影响了正常的呼吸，或者是由于突发的肌肉痉挛而无法进行呼吸，最终导致窒息。这个过程因为液体进入而可能造成呼吸损伤，其结果包括死亡、不同程度的伤害甚至没有伤害。

溺水是最常见的淹溺方式之一。淹溺是指人完全或部分被水或其他液体介质覆盖并因此受伤的情况。在溺水时，水充满呼吸道和肺泡，导致缺氧、窒息，进而可能导致呼吸停止和心脏停止跳动。根据水进入肺和呼吸道的程度，溺水可以分为干性溺水和湿性溺水。

溺水后的典型症状包括：皮肤呈发绀色；面部和眼睛可能出现

肿胀；眼球结膜可能出现充血；口鼻中可能充满带有血色的泡沫或泥沙；腹部可能膨胀；四肢可能变得冰冷；头颈部可能有损伤；意识可能丧失；呼吸可能停止；脉搏和大动脉的跳动可能极其微弱或消失；等等。

二、溺水的普遍特征

1. 季节及时间特征

每年的8月，随着汛期的到来，降水量增多，水位上升，水流变得更加不稳定且危险，一不小心就可能导致溺水事故。而在7月和8月这两个暑期月份，由于高温，学生们陆续放假，这期间溺水死亡的人数显著上升。相对地，2月的溺水死亡人数最少，这既因为天气寒冷、水温低，也因为寒假时间较短，而且大多数人都会忙于节日庆典，闲暇时间相对较少。

2. 年龄特征

幼童和青少年是溺水事故的高发人群，这通常与家长对其看护不周有关。在全球范围内，1～4岁的儿童溺水发生率最高，其次是5～9岁的儿童。世界卫生组织数据显示，在西太平洋地区，5～14岁的儿童因溺水而死亡的比例超过了其他死因。

在我国，溺水是1～14岁儿童意外伤害死亡的首要原因。此外，15～24岁的青少年往往会选择去河流和湖泊游泳，这也就增加了他们溺水的风险。

3. 地域特征

溺水事件通常发生在城镇和乡村地区无人看管的开放性水域，如河流、池塘、水库和沟壑等野外地点。

4. 溺水人员结构

溺水受害者主要是学龄儿童和青少年，其次是务工人员、船员、渔民、病患和游泳爱好者等。值得注意的是，留守儿童由于缺乏有效监管，溺亡事故呈现逐年上升的态势。

5. 淹溺致亡比例

在溺水中，超过半数的受害者不幸遇难，生存概率较低。即使有幸在现场被救起，其死亡率仍然相对较高。

第二节　高频时间和常见溺水隐患地点

溺水事件具有突发性，往往都是发生在不经意间，通过对以往事故的归纳与总结，可以推断出高频发生事故的时间与环境。了解溺水发生的时间规律，对于预防这类事故有着至关重要的作用。

一、溺水发生的高频时间

（一）季节性

季节性因素是影响溺水事故的一个重要因素。

夏季是溺水事件的高发期。这主要是因为夏季气温较高，人们便选择开放性水域消暑，增加了与水接触的机会。同时，这期间也是我国各地的汛期，防汛警报频发。炎热的天气容易使人烦躁不安，便倾向于到水边嬉戏。特别是青少年和儿童，由于缺乏自我保护意识和游泳技能，更容易发生意外溺水。

与此同时，近些年冬季溺水事故也呈现上升趋势，冬季北方开阔性水域结冰，人们愿意在上面玩耍，但由于冰面承压力不够，导致冰面塌裂，引发的事故频发。当发生冰面溺水事故，救援难度会增大。如果冰面下有流动性水域，那么溺水者的生还概率会很低，也会给救援带来更大的困难。

（二）高频时段

通过对以往发生溺水事故的时间段进行归纳，青少年溺水事故易发生的时段为放学后，双休日，节假日，暑假/汛期。溺水事件高发期时段约 31％ 发生在节假日、双休日期间；约 31％ 发生在放学后；约 36％ 发生在暑假期间；剩余约 2％ 发生在特殊情况下。这些时间段主要是由于缺少成年人的看护、学校教师的监管，没有安全措施，救援人员不熟悉水域。

节假日期间人们的生活规律可能被打乱，安全意识可能降低，这也增加了溺水的风险。如海滩、游泳池、河流等开放性水域，水下情况较为复杂。由于缺乏专业的游泳技能和安全意识，在水中活动时容易发生意外溺水。

中午和傍晚是溺水事件的高发时段。中午时分，太阳辐射强烈，地表温度较高，人们更倾向于到水域附近消暑。而傍晚时段，下班、放学回家后可能会选择到附近的河流、池塘等水域进行放松和娱乐。由于光线逐渐变暗，人们的视线可能受到影响，增加了溺水的风险。

特殊情况下发生的溺水事故较为极端并具有偶发性，例如，乘船侧翻而未穿戴救生衣、疾病状态下游泳、高处坠落开放性水域、长时间潜泳等特殊情况。这种情况下只有提升安全意识，才能防止溺水事故的发生。

（三）隐患时段的管理与预防

针对这些溺水发生的时间规律，我们应该以预防为主。

（1）加强防溺水宣传教育是必要的。政府、学校和社区应该加强防溺水教育，提高人们的安全意识和自我保护能力。此外，家长也应该加强对孩子的监管和看护，尽量避免孩子独自到水域附近玩耍。

（2）提供安全设施也是预防溺水事故的有效方法。例如，在海滩、游泳池等水域设置救生员和安全警示标识，配备必要的救援设备。同时，对于一些危险的水域，可以设置防护栏或者围墙等隔离设施，以阻止人们进入危险区域。

（3）了解溺水发生的时间规律对于预防这类事故有着重要的作用。通过加强宣传教育、提供安全设施、加强监管和看护等措施的综合运用，我们可以有效降低溺水事故的发生率，保障人们的生命安全。

（4）推荐有条件的学校、社会机构开展防溺水自救课程，加强防溺水课程的研发，尤其是在水中自救课程实施，可模拟多项溺水事故情景，让青少年、儿童从小就对防溺水、溺水救援的操作流程谨记于心，从而给予其防溺水的基本能力与自救方法，以此减少悲剧的发生。

二、常见溺水隐患地点

（一）野外水域

江河、池塘、水库等野外水域是溺水事故的多发地点。这些地方的水深、流速、水底地形等都可能对人们构成威胁，特别是对于不熟悉水性的人来说。

1. 江河

流速较慢：江河的流速一般较慢，对于不会游泳的人来说，游泳者一旦溺水，便容易失去控制和保持平衡的能力，导致溺水死亡的风险增加。

水面宽广：江河的水面宽广，游泳者一旦溺水，则很难找到岸边或被人发现，增加了救援难度和溺水死亡的风险。

深浅不一：江河的水深浅不一，有时候看似浅水区，实际上可能存在深坑或陡峭的河床，导致溺水风险增加。

障碍物多：江河中可能存在许多障碍物，如水草、垃圾、浮木等，这些障碍物可能会缠绕游泳者的身体或影响其呼吸，导致溺水。

潮流多变：江河的潮汐和水流对游泳者有很大影响，尤其是在水流湍急或潮汐交替时，游泳者容易失去控制并被冲走。

2. 池塘

水面较小：池塘的水面一般较小，而且水深有限，游泳者一旦溺水，就容易被周围的人发现和救援。

水质清澈：池塘的水质通常比较清澈，游泳者可以比较清楚地看到水下的情况，可减少因水下不明物体导致的意外伤害。

淤泥底：池塘的底部通常比较软，是淤泥底，游泳者在落水后会陷入泥中，难以自救。

水生植物丰富：池塘由于水下淤泥较多，水流缓慢或是死水，适合水生植物的生长，因此长水草或长茎水中植物较多，游泳者很容易被这些植物羁绊。

3. 水库

水面宽广：水库的水面通常比较宽广，游泳者一旦溺水，则很难快速找到救援人员或被人发现。

水深：水库的水深通常比较深，游泳者一旦溺水，就容易导致严重的后果。

水质清澈：水库的水质通常比较清澈，游泳者可以比较清楚地看到水下的情况，减少因水下不明物体导致的意外伤害。

底部地形复杂：水库的底部地形通常比较复杂，存在深坑和陡峭的山崖，增加了溺水的风险。

水位波动：水库的水位会根据季节和降雨量而波动，水位高时游泳者容易被淹没，水位低时则可能暴露出尖锐的石块和杂物。

（二）室内游泳池和戏水场所

游泳池、水上公园、水上游乐场等戏水场所，如果管理不规范或者安全措施不到位，也可能导致溺水事故的发生。

（三）家中的蓄水容器

家中的蓄水容器，如浴缸、水桶、水缸等，如果放置不当或者有儿童接触，也可能导致溺水事故。

第三节　特殊环境溺水事故

一、冰面

（一）冰面溺水原因

冰面溺水的原因主要与冰面的性质和人类的行为有关。冰面通常很脆，不能承受过多的重量或冲击力，一旦受到压力过大或突然的冲击，很容易破裂。人们在冰面上行走、奔跑、滑冰或驾驶车辆时，都可能造成冰面破裂。此外，冰面溺水还可能发生在钓鱼、玩耍等活动中。

冰面下方往往伴有暗河流动，特别是在寒冷的冬季。由于冰面的厚度和不稳定性，人们在冰面上行走或玩耍时很容易发生意外。一旦冰面破裂，人们很容易陷入水中，如果不能及时得到救援，后果不堪设想。同时，冰面承压力也会受到季节温度、水文变化、水域盐度、离岸距离等因素的影响。

（1）季节温度。古人以冬至次日起以九日为一个节点，判断河面、湖面的冰面承压力，并编成了《九九歌》脍炙人心，其中"三九四九冰上走"就是判断冰面的承压力，由此可以推断"三九四九"时间大约为每年的一月中旬至二月初，这期间北方气温相对较低，冰面下的暗流相对较缓，冰面层厚度大，承压能力较强。

（2）水文变化。水文变化也是由于季节、地理变化而形成的水文异象。可能伴有地质异动的情况。

（3）水域盐度。水域盐度在冬季的变化主要也是由于季节气温的变化。气温过低，随潮汐变化形成"潮气"，或是降雪后，都会形成淡水层，导致出现冰层，我国水域这种冰层相对较薄，承压力不够，并且会随着潮汐的变化而变化；如果盐度过大，基本不会形成冰面。

（4）离岸距离。冰面的承压力与离岸距离是有密切关系的，冰面会附着在岸边，当人踩在上面时，岸边会分担一部分受力，但随着距离岸边越来越远，承压力也会越来越低，从而出现隐患。例如，冰面下方暗河水流湍急，冰面的承压力也随之减小，隐患概率增加。

（二）预防措施

为了防止冰面溺水事故的发生，人们应该采取以下预防措施。

（1）注意观察冰面情况。在冰面上行走或玩耍时，要时刻注意观察冰面的状况，如发现冰面有裂缝、不均匀等情况，应及时离开。

（2）不要在冰面上钓鱼或进行其他活动。例如，不要在冰面上奔跑、滑行或驾驶车辆。这些活动也可能导致冰面破裂，特别是在使用重物或频繁移动时。

（3）穿着适当的服装和鞋子。在冰面上行走或玩耍时，应穿着防滑鞋、厚实的衣服等防护用品，以避免滑倒或受伤。

（4）了解当地的天气情况和冰层厚度。在寒冷的冬季，冰层厚度可能不均匀，天气变化也可能影响冰层的稳定性。因此，人们应该了解当地的天气情况和冰层厚度，避免在危险的情况下进行冰上活动。

二、沙滩和海

沙滩和海溺水是一种常见的意外事故，尤其是在夏季和节假日期间。溺水事故可以发生在任何年龄段的人身上，但儿童和青少年是最高危的人群。

（一）沙滩和海溺水原因

（1）不熟悉水域环境。沙滩和海里的情况非常复杂，特别是海流、潮汐、水深和水温等因素都会影响游泳者的安全。如果游泳者不熟悉水域环境，就很容易发生溺水事故。

（2）疲劳和过度自信。很多人喜欢在沙滩和海里游泳，但是长时间游泳或过度疲劳会导致肌肉疲劳和抽筋，从而引发溺水事故。此外，一些人对自己的游泳能力过于自信，冒险进入深水区域或进行危险的水上活动，也容易发生溺水事故。

（3）救援设备不足或不正确使用。在沙滩和海里游泳时，适当的救援设备是非常重要的。然而，很多时候人们并没有足够的救援设备或者不会正确使用设备，从而导致溺水事故的发生。

（二）离岸流形成的原因

1. 形成的原因

离岸流的形成与多种因素有关，主要包括以下几个方面。

（1）风的影响。离岸流是风力驱动的海水运动结果。当风吹向海岸时，会推动海水向岸边流动，形成表层流。然而，在某些地形条件下，这股表层流会遇到障碍物，如沙洲、礁石等，导致水流受阻并转向，形成离岸流。

（2）潮汐作用。潮汐是影响海水流动的重要因素。在涨潮和落潮期间，海水流动的强度和方向会发生显著变化。在某些地区，潮汐产生的强潮流与地形相互作用，导致离岸流的产生。

（3）波浪破碎。当海浪撞击海岸时，会破碎并消耗能量。这些破碎的波浪会将大量的水推向岸边，形成沿岸流。然而，当这股沿岸流遇到合适的障碍物时，它会改变方向并形成离岸流。

（4）底地形。底地形对离岸流的形成起着关键作用。海岸线的形状、海底的坡度、沙洲的位置等因素都会影响海水的流动方向和速度，从而影响离岸流的产生。

（5）气候因素。气候因素如温度、湿度、降水等也会影响海水的流动。例如，炎热的气候可能导致海水蒸发增加，进而增加水流的动力。

（6）海流和潮流。除了风和潮汐的影响，其他海流和潮流也可能与离岸流相互作用，影响其形成和强度。

2. 应对的措施

（1）观察和识别。在海边游玩时，要时刻观察海面的变化，注意是否有离岸流的迹象。如果发现有异常的涌浪、漩涡等，应立即离开该区域。同时，了解和熟悉当地的海流情况，避免误入危险区域。

（2）遵守警示标志。在海滩上会有明显的警示标志，提醒游客注意安全。一定要遵守规定，不要在非游泳区域游泳或涉水。

（3）保持冷静。一旦发现自己被离岸流带走，不要惊慌失措。须保持冷静，观察海面的变化，寻找救援的机会。

（4）寻求帮助。如果无法自行脱离离岸流，应及时呼救。同时，要尽可能地保持浮力，等待救援。

（5）学习救援技巧。了解基本的救援技巧和心肺复苏等，以便在遇到紧急情况时能够及时施救。同时，学习如何识别和应对离岸流等危险情况，提高自身的安全意识。

（6）合理安排时间。在海边游玩时，要合理安排时间，避免在退潮或低潮时游泳。同时，避免在未经开发或未知的区域游泳或涉水，以免发生危险。

（7）增强自身安全意识。在海边游玩时，要时刻保持警惕，增强自身的安全意识。了解和遵守当地的安全规定和警示标志，以确保自己的安全。

第四节　其他因素造成安全隐患

一、溺水事故发生的原因

（1）心理原因。心理因素可能导致溺水，如对水的恐惧、紧张情绪，一旦遇到突发情况便可能产生恐慌，手脚失去灵活性，产生身体僵硬等反应。

（2）生理原因。生理因素也可能引起溺水，包括体力不充沛、进食过多或过少、饮酒后等情况，这些因素都可能影响个体的游泳能力和平衡感，从而增加溺水风险。例如，饭后肠胃需要消化食物，游泳可能会影响消化，甚至可能造成胃痉挛；女性经期时身体容易感到疲劳，不适宜游泳，除了影响个人卫生和游泳场所卫生引发病症外，还会造成低血糖引发的晕厥和休克；出汗时毛孔张开，遇冷水易引起毛孔突然收缩，可能造成细菌、病毒感染，从而引发病症侵入身体，与此同时可能还会造成因环境温差过大、机体不能适应而引发的应激性反应，例如，肌肉/胃部痉挛、心绞痛、低血糖等情况；在剧烈运动或体力劳动后过度疲劳而立即游泳，容易因体力不支造成肌肉痉挛和其他并发症的出现，从而引发安全事故。

（3）病理原因。病理因素涉及那些患有不适合水中活动的疾病的人，如心血管系统疾病、精神病（包括癫痫患者）等，他们在水中活动可能引发疾病发作，从而导致溺水。例如，感冒、身体虚弱、眼疾、耳炎、皮肤病、高血压、心脏病等人群，身体免疫功能下降，容易感染病菌或加重病情。

（4）技术原因。技术因素则与游泳技能不佳或操作失误有关，这些游泳者在实践中可能遭遇意外，进而发生溺水事故。

（5）环境原因。例如，雷雨天气时水温低、空气质量差，容易缺氧，或雷击造成导电和次生事故，存在较大的安全隐患；开放性水域水情较为复杂，可能存在暗流、漩涡、水中植物丰富、水下尖锐物多等复杂性情况，看似平静的水面，也可能存在多重安全隐患；被污染的水域，如在被污染的水域展开行为活动可能会造成皮肤、呼吸道的病变和损伤。被污染的水域除了常见化学性、排放性污染，还有泥沙沉淀物污染、浮游生物污染等污染的情况。化学性和排放性污染伴有刺鼻性、放射性、水质变差的情况。而泥沙沉淀物污染可能会伴有地质灾害，如将水下的泥沙冲到下游，因为水中浑浊，能见度差，可能会伴有砂石和尖锐物品，贸然下水可能会出现危险。浮游生物污染引发的原因较多，可能是上游导致而冲击到下游或是水中细菌滋生等原因引起的。

（6）其他原因。其他原因包括游泳场所的组织管理不完善，存在安全隐患，以及游泳者自身缺乏安全防护意识等，这些都可能导致溺水事故。例如，很多人对溺水的危险性认识不足，缺乏安全意识，特别是在野外水域，人们可能过于自信或者疏忽大意，忽视了潜在的危险，不会游泳或者游泳技能差是导致溺水的重要原因之一，如果遇到水流湍急、水深过高等情况，就难以自保；在一些公共戏水场所，如果管理不规范，安全措施不到位，比如救生员数量不足，警示标识不明显等，也可能导致溺水事故的发生；儿童溺水事故多发，往往与家长或监护人的监管不力有关，家长或监护人应该加强对儿童的看护和教育，避免他们接触危险的水域。

二、容易发生溺水事故的情况

（1）不慎从泳池边缘、岸边等地点跌入水中。

（2）在水中滑倒后，站立不起来。

（3）身上的浮具脱离或破裂漏气，沉入水中，慌乱。

（4）游泳技术不佳，在水中遇到碰撞等意外，惊慌失措。

（5）突然呛水，不会调整呼吸。

（6）过于逞强。

（7）入水方法不当。

（8）冒险潜水。

（9）被溺水者紧抱不放的其他游泳者。

（10）嬉水时，被人按压。

（11）游泳场所设施不当等。

第五节　防溺水安全教育研究的状况

在过去十年中，溺水事故导致全球超过 250 万人死亡，溺水问题已经成为全球公共卫生的一个重要问题。每年全球总死亡人数的 8％是因溺水而死亡，其中 25 岁以下的青少年受害者超过一半，使得青少年成为溺水事故的主要受害者。在全球范围内，溺水是导致青少年死亡的前十大原因之一。因此，我们以青少年防溺安全教育研究为例，简要介绍相关研究，并探讨防溺水的策略。

一、青少年溺水的原因

学者们对青少年发生溺水事故的原因进行了探讨，认为这是一个涉及多方面因素的问题。主要原因包括：青少年缺乏防溺水的安全意识、家长对防溺水问题不够关注、青少年未接受足够的游泳技能培训、社会监管不力、社会支持体系不完善、安全标识不明显或被损坏以及游泳场地受限等。特别是在农村地区，留守儿童缺乏有效监管尤为显著。

在我国的防溺水安全教育领域，尽管已经开展了一些预防和理论教育工作，但实践技能的培训往往被忽视。这一现象的出现，一方面是因为学校通常只教授防溺水的基本知识和理论，而忽略了实践技能的培养和指导；另一方面，家长对防溺水安全教育的认知和重视程度不足也是一个重要原因。很多家长往往在孩子出现危险后才开始关注孩子的游泳安全，而忽视了培养孩子的安全意识和游泳技能。此外，学校还面临防溺水安全教育师资短缺的问题。由于缺乏专业的师资和教学资源，学校很难为学生提供全面的防溺水安全教育，这给学生带来了潜在的安全隐患。

二、防溺水安全教育研究

许多国家致力于水上安全和防溺水的社会和组织来制订预防计划。

美国红十字会认为，在小学及各类青少年活动中普及防溺水安全教育，是减少5～12岁儿童溺水事故的有力措施。因此，美国红十字会推出了"朗费罗的鲸鱼故事"（Longfellow′s WHALE Tales）教育项目，旨在辅助教师向学生传授水上安全、水中自救和水上救援等相关知识。通过"朗费罗的鲸鱼故事"，青少年能够掌握基本的防溺水知识，提升自身的自救技能，并增强安全意识。

土耳其对10～14岁的青少年实施了一项专门的水上安全教育方案，该方案基于"朗费罗的鲸鱼故事"七个主题，旨在对青少年进行防溺水安全知识的培训。研究表明，通过这一计划的培训，青少年的防溺水知识以及对安全救生技能的掌握有了显著的提升。

格林纳达对5～12岁的小学生实施了一套由美国红十字会开发的"朗费罗的鲸鱼故事"水上安全培训计划。该计划通过一套包含九个问题的评估工具来评估学生在培训前后的防溺水安全知识水平。研究发现，完成培训后，各年级学生的平均正确答题率均有提升，其中低年级学生的正确率提高了5%，而高年级学生的正确率则提高了33%。这项研究表明，对小学生进行专注的水上安全教育可以显著增强他们防溺水的知识水平以及安全救生技能。

日本对游泳教育的重视程度很高，这使得日本青少年的防溺水教育成果显著。日本政府将防溺水教育视为一项关键的教育责任，并对小学生的游泳训练实施了一系列全面的政策。根据日本的法律规定，所有小学都必须设有游泳设施，无论是室内还是室外。政府大力支持小学的游泳教学，认为游泳是一种需要学生掌握在水中安全操控自己身体的技能运动，并鼓励学生学习自由泳、蛙泳以及基本的防溺水救生技能。学校必须配备专业的游泳教师或教练，以确保教学的质量。日本拥有大量的室内外游泳场馆，为小学生提供了安全的游泳学习环境。此外，游泳场馆也会向小学生开放，以确保小学游泳教育的顺利进行。总之，日本将防溺水教育视为一项重要的安全使命，游泳教育在日本已经广泛普及。

通过对学生进行水域安全教育和游泳技能培训后，学生在游泳技能、水安全知识和水上应急处理方面都有显著提高。这表明采用有效的教学方法可以有效提升游泳技能，并且游泳课程可以作为一种有效的溺水预防干预手段。

总的来说，防溺水是一个关键的公共卫生议题，它需要全球范围内的关注和协作。目前，世界各国都在推动防溺水安全教育项目，并且这一教育已开始显示出效果。美国、日本、澳大利亚等国家特别重视中小学生的防溺水教育，他们将游泳、自救和急救技能纳入教学大纲，确保学生能够掌握基本的自救能力。在防溺水研究方面，国外拥有更成熟的理论体系和更丰富的实践经验，这些成果为我国防溺水安全教育提供了宝贵的参考和启发。

第五章 游泳运动中的防溺水救护途径

第一节 水中自救方法

在水中活动，如果突然感到身体不舒适，必须喊"救命"，救生者或其他人听到后会来帮助。但是如果没有人来帮助，就必须保持冷静，设法自救。在水中自己救助自己的方法，称为水中自救。

一、水中求生

（一）利用漂浮物求生

如救生圈、救生袋、救生枕、木板、木块等漂浮物，利用其在水中的漂浮来求生。

（二）徒手漂浮求生

利用本身的浮力（如水母漂、十字漂、仰卧漂等），在水中漂浮自救，即用最少的体力，在水中维持最长的生机。

二、肌肉痉挛自救法

人在水中活动时，由于肌肉受到刺激而突然发生强直性收缩，造成肌肉痉挛（也称肌肉抽筋）。根据统计，发生肌肉痉挛在 1 分钟之内的占 45%，3 分钟左右的占 39%，5 分钟以上的极少。

发生肌肉痉挛常见的部位是手指、手掌、脚趾、小腿、大腿和腹部等。

无论肌肉痉挛发生在什么部位，都要及时采取拉长肌肉的办法进行解救，否则容易出现危险，具体方法有以下几种。

（一）手指肌肉痉挛解救法

如果手指肌肉痉挛，解救的方法是先将手握拳，然后用力张开伸直，反复做几次即可消除。

（二）手掌肌肉痉挛解救法

手掌肌肉痉挛的解救方法是用双手合掌向左右按压，反复做几次即可消除。

（三）前臂肌肉及上臂前面肌肉痉挛解救法

前臂肌肉及上臂前面肌肉痉挛的解救方法是用一只手抓住痉挛的手，尽量向手臂背侧做局部伸腕动作，然后放松，反复做几次即可缓解。

（四）前臂后面肌肉痉挛解救法

前臂后面肌肉痉挛时，解救的方法是用一只手托住患臂的手背尽量做屈腕动作，然后放松，反复做几次即可缓解。

（五）上臂后面肌肉痉挛解救法

如果上臂后面肌肉痉挛时，解救方法是先将痉挛的手臂屈肘向后，用另外一只手托住其肘部，弯向后，即可对抗后面的肌肉痉挛，反复做几次即可缓解。

（六）大腿前面肌肉痉挛解救法

当大腿前面肌肉痉挛时，解救的方法是用同一侧手抓住痉挛腿的脚，尽量使其向后伸直，反复做几次即可缓解。

（七）大腿后面肌肉痉挛解救法

大腿后面肌肉发生痉挛，解救方法是用同一侧手按住膝盖，然后另一只手抓住脚趾，尽量往上抬起或双手抱住大腿，使髋关节做局部的屈曲动作，即可缓解。

（八）小腿前面肌肉痉挛解救法

当小腿前面肌肉痉挛时，先用一只手抓住脚趾尽量往下压，借以对抗小腿前面肌肉的强直收缩。

（九）小腿后面肌肉痉挛解救法

小腿后面肌肉痉挛是最常见的，解救的方法是先用一只手按住膝盖，另外一只手抓住脚底（或脚趾）做勾脚动作，并用力向身体方位拉，反复做几次后，放松片刻，肌肉痉挛部位即可缓解。

（十）腹部肌肉痉挛解救法

如果腹部肌肉发生痉挛，可在水面先挺住一会儿，然后用双手做顺时针按摩，按这个办法反复做几次，腹部肌肉痉挛即可缓解。

第二节　水上求生专门游泳技术

水上求生专门游泳技术，是指在水上用最快的速度和合理的方法进行自救及将溺水者救出水域的一项专门技术。

人们在各种水域中，进行着各种各样的水上活动，溺水事故时有发生，在没有任何救生器材的情况下，徒手自救或救助溺水者时需要掌握一定的水上求生专门游泳技术，如踩水、反蛙泳、侧泳、潜泳、蛙泳、仰泳和爬泳等。掌握了这些水上求生专门游泳技术对于保护自己、挽救溺水者的生命，有着十分重要的意义。

一、踩水

踩水又称"立泳",也有称"踏水",是实用价值较大的游泳技术之一。

(一) 作用

踩水技术动作简单、方便、省力、持久,具有较大的实用价值。在救助溺水者时,为便于观察水面情况,可做前后、左右方向的移动和拖带。

(二) 技术

1. 身体姿势

踩水时,身体直立于水中稍前倾,头露出水面,稍收髋,两腿微屈勾脚,两臂胸前平屈,掌心向下,类似蛙泳臂。

2. 腿的技术

腿的技术有两种。一种方法是两腿交替蹬水,其身体在水中起伏不大,人腿动作幅度较小。做动作时先屈膝,小腿和脚向外翻,然后膝向里扣压,用脚掌和小腿内侧向侧下方蹬夹水,当腿尚未蹬直时,往后上方收小腿,收腿的同时另一腿开始做蹬夹水的动作,两腿交替进行。腿的蹬水路线及回收路线,基本是一个椭圆形。另一种方法是两腿同时蹬夹水,同蛙泳腿动作相似,但大腿动作的幅度较小,用小腿和脚内侧向侧下方蹬夹水,当两腿还未完全蹬直时收腿,动作要连贯。

3. 臂的技术

两臂弯曲,手和前臂在胸前做向外、向内的划水动作,手臂动作不宜过大。向外划水时掌心稍向外,向内划水时掌心稍向内,手掌要有压水的感觉,两手划水路线呈弧形。

4. 腿和臂的配合技术

腿和臂的动作配合要连贯，一般是两腿各蹬夹一次，或两腿同时蹬夹一次，两手做一次划水动作。采用两腿交替蹬夹水的配合时，通常是腿和手同时不停地进行。而采用两腿同时蹬夹水的配合时，是在两腿做蹬夹水动作的同时，两手做向外的划水动作。

踩水时，呼吸要自然，随腿、臂动作的节奏自然地呼吸。用踩水技术游进时，身体要略前倾，腿稍向后侧蹬水，两臂向后拨水。后退游时，动作相反。也可以采用侧向前的技术，这时后腿应较为用力。

二、反蛙泳

反蛙泳又称蛙式仰泳，也有称之为仰式蛙泳，是实用价值较大的游泳技术之一。

（一）作用

反蛙泳技术动作简易，游起来既能省力又能持久。在救助溺水者时，可用拖腋进行拖带，在救生工作中起着重要作用。

（二）技术

1. 身体姿势

仰卧于水中，身体自然伸直，脸露出水面。

2. 腿的技术

反蛙泳腿的技术类似蛙泳。但是由于身体仰卧于水中，所以收腿、蹬腿时膝关节不能露出水面。收腿时，膝向两侧边收边分，大腿微收，小腿向侧下方收得较多。收腿结束时，两膝略宽于肩，脚和小腿内侧向后对准蹬水方向，然后用大腿发力，使小腿和脚内侧后方蹬夹水。

3. 臂的技术

两臂自然伸直，同时经空中在肩前入水，然后屈臂高肘，掌心向后，使手和前臂对准划水方向，用力在体侧划水。划水结束后，两臂停留体侧，使身体向前滑行，然后两臂自然放松从空中向前移臂。

4. 臂和腿及呼吸的配合技术

反蛙泳的配合技术有两种。一种是臂划水与蹬夹水（移臂与收腿同时进行）。另一种是手划水和蹬夹水交替进行，但手、腿各做一次动作之后身体自然滑行。两臂前移的同时，边收边分，慢收腿，两臂将入水时，两腿同时蹬夹水。然后两臂自然并拢前伸，臂划水。划水结束，身体自然伸直滑行。

5. 呼吸动作

一般在移臂时吸气，两臂入水后稍闭气，然后用口鼻均匀地呼气。

三、侧泳

侧泳也称侧卧泳，曾被列为竞技游泳比赛项目之一，是实用价值较大的游泳技术之一。

（一）作用

侧泳速度快，动作自如省力，在救助溺水者时，可用单手（或双手）进行各种拖带，在救生工作中起着重要作用。

（二）技术

侧泳有手出水和手不出水两种，一般掌握了前者，后者也就容易掌握（这里着重介绍手出水的侧泳方法）。

1. 身体姿势

身体侧卧水中，稍向胸侧倾斜，头的下半部浸在水中，下面臂前伸，上面臂置于体侧，两臂并拢伸直，在游进时身体绕纵轴转动。

2. 腿的技术

侧泳腿的技术包括收腿、翻脚和蹬剪腿三个动作。

（1）收腿

上腿屈髋、提膝向前收，大腿与躯干呈 90°角，小腿与大腿呈 45°～60°角。下腿髋关节伸展，小腿向后收，膝关节尽量弯曲，小腿与大腿呈 30°～40°角，足跟靠近臀部。

（2）翻脚

当完成收腿动作后，上腿勾脚掌，脚掌向后对准水。下腿将脚尖绷直，脚和小腿前面向后对准蹬水方向。

（3）蹬剪腿

上腿以髋关节为支点，用大腿发力并带动小腿稍向前伸，以脚掌对着蹬水方向，由体前侧向后方加速蹬水。下腿以脚面和小腿对着蹬水方向，用力稍向下、再向后伸膝剪水，与上腿形成蹬剪水的动作。

3. 臂的技术

两臂交替划水，一臂在空中移臂称为上面臂，另一臂在水下移臂称为下面臂。

（1）上面臂

上面臂与爬泳臂划水动作相似，不同的是当上面臂前移时，上体绕纵轴略有转动，这样就使两肩连线与垂直线之间的角度增大到 45°～50°。这个动作能使上面臂入水点离身体较远，从而使划水路线增长。

（2）下面臂

侧泳时下面臂的动作分为准备姿势、滑下、划水和臂前移四个阶段。

①准备姿势

手臂前伸，掌心向下，手略高于肩。

②滑下

当臂滑下与水面呈20°～25°角时，稍勾手，屈臂，使手和前臂向后对准水，即过渡到划水动作。

③划水

下面臂的划水动作不是在肩下进行，而是在靠近胸侧斜下方进行的，当划至腹下，即告结束。

④臂前移

划水结束后，迅速收前臂，使手掌向上，并沿着腹胸向前移动。当手掌移至头前时，随臂向前伸直，手掌逐渐转向下方。

4. 两臂配合动作

下面臂开始划水，上面臂前移；上面臂开始划水时，下面臂开始做前伸动作，两臂在胸前交叉；上面臂划水结束，下面臂开始滑下。

5. 臂和腿及呼吸的配合

（1）臂和腿的配合

当上面臂入水后，下面臂开始前移并收腿，上面臂划到腹下开始做推水动作时，下面臂向前伸，同时腿用力向后做蹬剪水动作。

（2）臂和呼吸的配合

上面臂开始划水时，逐渐呼气，划到腹下做推水时转头吸气。移臂和入水时，头还原，闭气。

侧泳的完整配合，是两腿蹬剪水一次，两臂各划水一次，呼吸一次。两腿蹬剪水后，在上面臂划水结束与下面臂前伸时，应有短暂的滑行动作。

四、潜泳

潜泳又称大划臂的蛙泳，潜泳是在水下进行游泳的一种技术，也是实用价值较大的游泳技术之一。

（一）作用

利用潜泳技术在水下游进时，可根据水的深度、远近和方向进行潜深、潜远。在救助溺水者时，可用快速、准确的动作打捞溺水者，为拯救其生命争得时间。在救生工作中，潜泳起着重要的作用。

（二）技术

潜泳技术分为潜深技术和潜远技术。

1. 潜深技术

一般是在两种情况下入水进行。一种是从陆地上采用出发跳水的形式潜入水；另一种是从水面上潜入水。下面介绍从水面上潜入水的两种潜深技术。

（1）两腿朝下潜深法

在潜入水之前两臂前伸、屈腿，然后两臂用力向下撑水，与此同时，两腿做蛙泳的向下蹬水动作，使上体至腰部跃出水面，接着利用身体的重力，使身体向下，如直体跳水的姿势潜入水中。入水后，两臂做自下而上的推水动作，以增加下沉的速度。达到水底或预定的深度之后，立即转身，将头转向所需要的方向游进。

（2）头先朝下潜深法

这种方法的预备姿势与上述方法相同，只是两臂向后下方伸出，两臂自下而上用力划水，头朝下，提臀举腿，两臂做蛙泳伸臂动作，向下伸直，由于两腿的重力作用，身体潜入水中。入水后，两腿向上做蛙泳腿的蹬水动作，以增加下沉速度。

当达到需要的深度之后，通过两臂、头部后仰以及胸部和腰部后屈的动作，使身体由垂直姿势转为水平姿势。

2. 潜远技术

潜远技术分为使用器材的竞技潜泳（属竞赛项目）和不使用器材的潜远技术两种。不使用器材的潜远技术主要有蛙式潜泳、蛙式长划臂潜泳及爬式潜泳。

（1）蛙式潜泳

蛙式潜泳是在水下用蛙泳动作游进的一种技术。它的动作基本上与水面"平航式蛙泳"相同。在游进中为了避免身体上浮，头的位置应稍低于蛙泳，头与躯干呈一直线。臂划水的幅度要比蛙泳小，收腿时屈髋较小。配合动作与"平航式蛙泳"相同，只是滑行时间稍长。

（2）蛙式长划臂潜泳

为提高潜泳的速度和远度，人们常采用蛙式长划臂潜泳方式。但在水下情况比较复杂的条件下，采用这种技术时要小心谨慎，防止出现意外。

①躯干和头的姿势

躯干和头应完全呈水平姿势，只是在臂开始划水时头稍低些，以防止身体的浮起。

②臂的动作

两臂向前伸直开始，紧接着滑下，手掌和前臂内旋，稍勾手腕，两手向前下方做抓水动作，臂划水开始时稍慢。然后两臂逐渐向后内屈臂用力划水，划水时两臂自然提时，使手和前臂尽量与划水方向接近垂直，当手划至肩下方时，肘关节大约屈成 $90°\sim100°$ 角，然后肘关节由外侧向躯干方向靠拢，上臂带动前臂向后推水。推水完毕，两臂几乎在大腿两侧伸直，手掌朝上。划水结束后应稍有滑行阶段。移臂时两手外旋，屈肘，两手沿腹胸前伸，当手伸至颌下时，手掌开始内旋，掌心转向下方，在头部前方伸直并拢，然后准备做下一次动作。

③腿的动作

与蛙泳的区别是收腿时髋关节屈得较小，双膝分开也较少，蹬水向正后方，以免身体上浮。

④腿和臂动作配合

收腿与臂前伸的动作几乎同时进行。当臂前伸结束时，收腿结束，臂向前伸直后用力蹬夹水，蹬腿结束，臂紧接着做划水动作，划水结束后，两腿伸直并拢，做滑行动作。

（3）爬式潜泳

这种潜远姿势，是两臂向前伸直，手掌并拢，头在两臂之间，只用双腿做自由泳打腿动作向前游进。

第三节　赴救技术与现场急救

一、赴救技术

赴救技术是指救生者利用或不利用救生器具，间接或直接将溺水者从水中施救上岸的专门技术。

（一）池岸赴救

池岸赴救是指救生者在岸边利用水域现场的救生器材（如救生圈、竹竿、绳子等），对较清醒的溺水者进行施救的一种救生技术。

1. 手援

在离池岸较近距离发生溺水事故时，救生者可用手将溺水者拖救上岸。

2. 救生圈

救生圈是游泳时常用的救生工具。如何抛投救生圈也是每个救生者必须掌握的一项专门技术。一般抛投距离为救生者与溺水者

5~8米的扇面范围。救生圈可系绳子或不系绳子。不系绳子在抛掷救生圈时，应目测与溺水者的距离，抛掷时应注意风向、风速及救生圈的重量；系绳救生圈抛掷的技术要求同不系绳抛掷救生圈相同，但是事先要整理好绳子，抛掷时手一定要握紧或用脚踩住绳子的另一端，当溺水者抓住救生圈后，将其拖至池岸边救起。

3. 救生杆

救生杆是游泳常用的间接救生的器材之一。救生杆一般为3~4米长的竹竿，用周长约90厘米的橡皮圈固定在竹竿的一端。当发现溺水者在救生杆施救范围内时，可将救生杆有橡皮圈固定的一端由下而上递给溺水者，若救生杆前没有橡皮圈，可用杆轻轻点击溺水者的肩部，待其抓住套（杆）后，将其拖到池（岸）边。在向溺水者伸杆时，注意切忌捅戳伤溺水者，不能敲击溺水者的头部，不要伤害溺水者的喉、咽、气管及其他器官等。

4. 救生球

救生球为充气的标准篮球，装在网子里，系在主绳上，网长为57~63厘米，网眼直径6厘米，网绳直径2毫米。主绳长15~20米，直径6毫米，由大麻、尼龙或有浮力的类似材质编织而成。在投抛前，要整理好绳子，投抛时两脚前后开立，一手抓住系结处，另一手抓住绳的另一端或用脚踩住。抛球时，眼睛盯住目标，手握系结处，利用手臂、腿部及腰腹的力量将球抛出。

5. 其他救生器物

当发生溺水情况时，由于情况紧急，救生者一时手边没有救生圈、救生杆、救生球，可根据溺水者的当时情况，利用一些其他物品进行施救，如毛巾、救生衣、泡沫塑料板、木板、长棍、绳子、球等，递给或抛给溺水者，但应以不伤害溺水者为原则。

（二）水中赴救

水中赴救是指救生者在没有或无法利用救生器具拯救溺水者，

或溺水者已处于昏迷状态而无法使用救生器具时，救生者所采用的赴救技术。水中赴救的技术比较复杂，对于救生者本人来说也具有一定的危险性。救生者在水中应尽可能地利用救生器材进行赴救，以保护救生者的自身安全。水中赴救包括入水、接近、解脱、寻找、拖带、上岸、人工运送等技术。

1. 入水

入水是指救生者发现溺水情况时，迅速跳入水中的一项专门技术。

入水分为跨步式、蛙腿式、鱼跃浅跳式及其他方式。救生者可根据当时的情况采用以上几种入水方式。

2. 接近

接近是指救生者及时靠近并有效地控制溺水者的一项专门技术。接近分为背面接近、侧面接近和正面接近三种。在接近时，救生者应与其保持一定的安全距离，并在接近后尽可能地从溺水者背后做动作，以确保自身的安全。

（1）背面接近

在一般情况下，救生者应尽可能采用此方法。

技术：救生者游至距溺水者1米处急停。然后，右手托腋，左手从溺水者的左肩处夹胸托右腋或双手托腋。

（2）侧面接近

当溺水者尚未下沉，特别是两手在水面上挥舞挣扎时较适合采用此方法。

技术：救生者游至距溺水者3米处，有意识地转向溺水者侧面游进，看准并果断、利索地用同侧手抓握住挣扎中的溺水者近侧手腕部，将溺水者拉向救生者的胸前。然后右手托腋，另一手从溺水者的左肩处夹胸托右腋，控制溺水者或双手托腋。

（3）正面接近

技术：救生者入水后，游至离溺水者3米左右急停，下潜至溺水者髋部以下，然后双手扶溺水者髋部，将溺水者转体180°，然后，右手托腋，另一手从溺水者的左肩处夹胸托右腋，或双手托腋。

（4）溺水者沉底接近

技术：直接下潜至溺水者身旁，双手托腋，脚蹬池底，将溺水者拖出水面。然后左（右）手托腋，另一手从溺水者的右肩处夹胸托左（右）腋，或双手托腋。

（5）接近时的注意事项

①救生者游至距溺水者安全距离后，须急停，以免水浪将溺水者冲压下沉，进一步引起溺水者恐慌；

②施救时不要太靠近溺水者，以免被溺水者抓伤、抱持；

③正面接近时，需下潜至溺水者髋部以下后，转动溺水者的身体；

④托腋夹胸时，救生者手臂着力点应在溺水者的胸和腋下，不要掐住溺水者的颈部；

⑤在尚未控制住溺水者时，不要放开抓握溺水者的手腕；

⑥救生者成功地接近并控制住溺水者后，如果溺水者有知觉，应大声、迅速地告诉他（她）："我是救生者，请不要慌张，我将确保你的安全。"以便救生者能顺利地将溺水者救上岸。

3. 解脱

解脱是指救生者采取合理的技术动作及时解除溺水者的抓抱，并有效地控制溺水者的一项专门技术。解脱方法主要有转腕、扳手指、反（扭）关节、推击等。

（1）"单手（臂）被抓"解脱法

①转腕法（以右手为例）

如救生者右手被溺水者右手抓住时，救生者可用被抓的右手上提转腕外翻下压解脱，并用右手及时抓住溺水者的右手腕部向右拉出，使溺水者背贴救生者前胸，另一手夹胸控制住溺水者。

②推击法（以左手为例）

如救生者的左手被溺水者的右手抓住时，救生者可用右手虎口推击溺水者的右手腕部。撞击时应迅速、有力。解脱后，应紧握溺水者的右手腕部，并及时把溺水者的右手向救生者右侧拉出，使其背贴救生者前胸，夹胸控制住溺水者。上臂被抓时也可沿用此方法。

（2）"交叉手被抓"解脱法

如救生者双手交叉被溺水者抓握时，救生者可采用以下方法进行解脱技术：救生者用上面一个手臂（以右臂为例）的肘部，撞击溺水者的另一侧（左手）腕部，先解脱救生者的左手，然后转腕解脱右手，趁势将溺水者向右面拉出，转体180°后，左手臂穿过溺水者前胸托住其右腋，控制住溺水者。

（3）"双手、臂被抓"解脱法

应用以上的"转腕法"或双手交叉的"推击法"进行解脱。

（4）"单手被双手抓握"解脱法

技术：（以左手为例）救生者的左前臂被溺水者双手抓握时，救生者右手虎口向下，用力撞击溺水者的另一侧右手腕部，使溺水者松开一手，并紧握溺水者右手腕，然后救生者上身前倾，以右上臂近肘处回击溺水者左手腕部，使致全部解脱，并趁势将溺水者的右手向救生者自己的右侧拉出，并将溺水者转体180°，呈背贴救生者前胸，然后夹胸控制住溺水者。

（5）"颈部被抱持"解脱法

①上推双肘解脱法

溺水者尚未抱紧救生者时，可采用此方法。当被溺水者抱住救生者颈部时，救生者应及时内收下颌，以防气管被卡。救生者下沉，双手上推溺水者的双肘，同时头部下抽，趁势抓握住溺水者的一手腕，将溺水者转至背贴救生者前胸，夹胸控制溺水者。

②压腕上推单肘解脱法

以背面颈部被抱持为例，救生者应内收下颌，保护气管，防止被卡住。同时分清溺水者哪只手压在上面。而后救生者上举双手，如溺水者右手在上时，救生者用左手紧压溺水者的右手腕部，右手上推溺水者右肘部，自己的头部同时也随之向右侧转出。然后救生者用右手抓紧溺水者的右手臂肘部，将其拉向救生者胸前，并及时夹胸，控制住溺水者。

（6）"腰部正面被抱持"解脱法

①夹鼻推颌解脱法

救生者用食、中指紧夹溺水者的鼻，掌心盖住溺水者的嘴，并用掌根托往溺水者的下颌，用力向前方推出，迫使溺水者头部后仰，另一手紧抱溺水者腰，并用力向自己方向压，迫使溺水者松开双手，之后及时将溺水者转体 180°，夹胸将其控制住。

②弓身抽手解脱法

救生者正面双臂肘部关节以下和躯干同时被抱持时，则应先臀部后顶，双臂前推，含胸收腹，趁隙抽出一手，夹鼻盖嘴托颌，另一手移至溺水者后腰，之后，采用"夹鼻推颌解脱法"解脱。

（7）"腰部背面被抱持"解脱法

当救生者被溺水者抱持时，可采用以下三种方法。

①扳指解脱法

先分清溺水者抱持时哪一只手在外，如溺水者用手指交叉方法锁住救生者时，可同时做扳指解脱动作，先扳溺水者在外侧手的一手指，使之松开后用力向外展开，然后外扳另一手指，松开后用力向外展开，使两臂呈侧平举（以右手为例），救生者向左下方下沉，从溺水者右腋下移至其背后，将右手放在溺水者的腰背部，前拨溺水者，左手托溺水者左腋的同时，右手夹胸控制住溺水者，或右手托其右腋的同时，左手夹胸，将其控制住。

②弓身抽手扳指法

救生者正面双臂肘部关节以下和躯干同时被抱持时，则应先臀部后顶，双臂前推，含胸收腹，趁隙先后抽出两臂，再采用扳指法。

③曲肘扩张解脱法

救生者先做两臂曲肘，同时往两侧做扩张动作，使两臂被松解，然后视被抱持松紧程度，及时采用"上推双肘"法或"压腕上推单肘"法解脱。

（8）"抓发"解脱法

当救生者的头发被溺水者抓住时，有以下两种解脱方法。

①压腕扳指法

救生者一手紧握抓发手的手腕，另一手则扳拉溺水者抓发手的手指，同时救生者的头部随扳拉手指方向倾斜，迫使抓发手松开。解脱后，及时将溺水者转体至背贴救生者前胸，夹胸将其控制住。

②扳指推肘解脱法

救生者一手紧握抓发手的手腕，另一手则用力向溺水者的头部方向推击其肘部，迫使抓发手松开。解脱后，及时将溺水者转体至背贴救生者前胸，夹胸控制住。

（9）"正面双腿被抱持"解脱法

手法同"正背面腰部被抱持解脱方法"。只是使用正面夹鼻推领方法时，放在后腰的手改放在溺水者的后颈部，尽力使溺水者的头部后仰。

（10）"双人抱持"解脱法

①夹胸蹬离解脱法

在解脱前，救生者须认清抱持的两个人中，谁是溺水者。救生者一手由溺水者肩上，经前胸插入溺水者另一侧腋下或夹胸，同时一脚紧贴被抱持人胸部，用柔力蹬离，以免使被抱人受伤，当二人的肩部松离时，再提起一脚（与夹胸手同侧）紧贴被抱持人胸部，将被抱持人蹬离解脱。

②托双腋蹬离法

在解脱前，救生者需认清抱持的两个人中谁是溺水者。双手插入溺水者的两腋下，提起一脚紧贴被抱持人胸部，用柔力将被抱持人蹬离解脱。

解脱时应注意的事项如下。

①当被抓、抱持后，救生者应保持冷静，切勿在还未搞清自己是怎样被抱持时，就匆忙做解脱。

②解脱的技术动作应迅速、连贯。

③解脱时，用力适当，不应使用蛮力，以免伤害溺水者。

④解脱后，应及时用合理的技术动作将溺水者控制住，以便拖带。

⑤在进行双人解脱时，应先确认两个人中谁是溺水者，再进行解脱。

4. 寻找

当溺水者沉没在池底时，救生员必须采取有效的寻找方法，尽快地发现溺水者并将其救出水面。徒手水下寻找可分单人、双人和多人寻找等多种方法。可分为折线形寻找法、"之"字形寻找法、圆形寻找法、排列式寻找法、方形寻找法、多层次寻找法等。

（1）折线形寻找法和"之"字形寻找法

折线形探索时，救生员可根据自己潜泳憋气时间的长短来决定直线探索的距离。在探索过程中，救生员潜至池底，眼睛来回扫视可视觉的范围。双手以肩部为圆心，来回做弧形的搜索。脚部用蛙泳腿或自由泳腿。换气折返时，一定要以某个标志为参照物，等折返时就不易漏看。

（2）圆形寻找法

以某个特定的点作为圆心，如水线、水道等，搜索的线路为圆弧形。救生员潜至池底，眼睛来回扫视可视的范围，双手以肩部为圆心，来回做弧形的搜索，脚部用蛙泳腿或自由泳腿，当换气时露出水面后，第二次潜入水中时，一定要后退1米左右，以免因上下换气而漏看。

（3）排列式寻找法

如果搜索的区域范围较大时，多名救生员可呈一字排列，救生员之间为两臂侧平举的距离或参加搜索救生员二人之间可视的范围，并根据憋气最短的救生员或以某个参照物（水线、水道、救生台等）为基准，作为折返点，平行向一个方向搜索。

（4）方形寻找法

如果搜索区域不大，而且救生员人数足够时，可用方形搜索法，搜索方法同"排列式寻找法"，但不要折返。

（5）多层次寻找法

如果搜索失败，可用"排列式寻找法"或"方形寻找法"再重新组织救生员进行一次。

5. 拖带

拖带是指救生者徒手在水上运送溺水者的一项专门技术。

无论采用何种拖带方法，都应使溺水者的口鼻保持在水面上，以保证溺水者的呼吸。并且在拖带的过程中，应将被拖带者的身体位置尽可能呈水平，以利于拖带和节省救生者的体力。

（1）夹胸拖带法

夹胸拖带法较适宜于身材高大、臂长、体力较好的救生者。

技术：（以左臂为例）救生者左臂由溺水者的左肩上穿过，上臂和肘紧贴溺水者胸部，左腋紧贴溺水者左肩，左手抄于溺水者的右腋下，并将此作为拖带的用力点。在运送过程中，救生者的左髋顶住溺水者的腰背部，保持水平位置，便于拖带。救生者可以根据自己的技术特长，采用蛙泳腿或侧泳腿技术。

（2）托双腋拖带法

托双腋拖带法比较省力，易于控制溺水者。

技术：救生者双手托住溺水者的双腋下，稍含胸收腹，用反蛙泳腿技术进行拖带。

（3）托枕拖带法

技术：救生者双手托住溺水者的后脑（枕部），采用侧泳或反蛙泳游进。

（4）双手托颌拖带法

技术：救生者双手托住溺水者的颌骨处，使溺水者的口鼻始终保持在水面上，采用反蛙泳技术游进。

（5）穿背握臂拖带法

在水域较大时，由于救生者单人拖运的距离较长，拖运的体力不支时采用此方法。易于观察游向，又较省力。

技术：以左手为例，救生者在溺水者的左侧后方，将左臂由前向后穿越溺水者的左腋下，经背部抓握其右上臂，用单手侧泳或单手蛙泳将溺水者拖带游进。

6. 上岸

上岸是指救生者将溺水者拖救起水的一项专门技术。

上岸时要注意安全。无论采用哪种上岸的方法，其目的是尽快地将溺水者迅速安全地送到岸上进行抢救。

7. 人工运送

人工运送是指救生者将溺水者送至现场急救室或邻近医院的一项专门技术。运送可用肩背、急救板等方法。在运送方法中，肩背运送是一项比较实用的技术，但救生者必须确定溺水者无脊柱受伤，方可采用此方法。肩背运送的作用在于"运送""倒水""畅通呼吸道""挤压心胸区"，有利于溺水者的心肺复苏。

（1）肩背技术（以右手为例）

动作一：救生者半蹲在溺水者臀部右侧，以左手臂在溺水者颈背部插入，右手握持其左手腕，将其上身扶起。

动作二：救生者右脚插入溺水者两腿间臀下，并左转成面对溺水者。腾出右手，将右手由溺水者左腋下穿过至溺水者背后，将溺水者扶抱保护，腾出左手穿过溺水者右腋下，至溺水者背后，左右双手手指交叉锁紧，双臂夹住溺水者；

动作三：救生者的两臂用力将溺水者托起，左脚后退一步呈右弓步，将溺水者"坐"于救生者的右大腿上。

动作四：救生者的右臂在溺水者的背部，将其贴靠在救生者胸前；腾出左手，紧握溺水者的右手腕，然后头部由其右腋下钻过，以颈部将溺水者挂靠保护，腾出右手。

动作五：救生者以右手插入溺水者的两腿间，下蹲以降低救生者的重心，以抄裆的右手臂将原"坐"在大腿上的溺水者上托，左手将溺水者左拉，使溺水者俯卧在救生者的肩背上，使救生者的右肩顶在溺水者的腹部，左肩顶在其胸部。

动作六：救生者的右臂将溺水者右腿紧夹在右胸前，右手紧抓其右上臂，左手扶撑在自己的左膝，用力站起，然后，左手后上举，保护溺水者的头部不致与障碍物、墙边等碰撞。

肩背运送时，如有其他救生者在旁接应配合时，则一人按以上"上肩"动作操作，另一人在"上托坐腿""抄裆上肩""肩背起立"需用力时，给予帮助。

（2）放下

①方法一

动作一：救生者左手抓握溺水者的右上臂，上身右倾下蹲，右臂托在裆下，将其"坐"于救生者的右大腿上；

动作二：左手仍紧抓溺水者的右臂，将其挂靠在颈背部保护好，抽出右手，插入溺水者的左腋下，至背后紧抱保护，然后头部由溺水者的右腋下抽出，脱出左手，插入其右腋下至后背，双手手指交叉，锁紧双臂，夹抱溺水者；

动作三：左脚上前一步，双臂将溺水者托起，缓步放下，使溺水者"坐"于地面；

动作四：抽出左手，放在溺水者颈部后托扶头部，然后将溺水者缓缓放平，使其卧于地面或急救板上。

②方法二

动作一、二：同方法一；

动作三：救生者双手手指交叉，锁紧双臂夹抱溺水者，向左转体 90°，重心移至左腿；

动作四：将溺水者缓缓放平，右手仍护住后背，左手抽出保护溺水者颈部；

动作五：将其卧于地面或急救板上。

二、现场急救

（一）现场急救的目的和原则

1. 目的

（1）抢救生命，提高生存率。

（2）减轻病痛，防止病情恶化，降低伤残率。

2. 原则

（1）抢救生命，时间上要争分夺秒。

（2）实施救助措施，操作上要准确无误。

（3）观察现场环境，确保自己和患者的安全。

（4）大胆、果断、迅速，不慌乱、不推托、不随意中止（直至医院医生接手或现场急救成功，转送医院进一步观察护理）。

（二）现场急救检查程序

现场急救，时间就是生命，一定要做到动作迅速，方法正确。检查程序可分为八个步骤。

1. 判断意识

轻拍伤病者肩部（或面部），并在其耳边大声呼唤："喂，你怎么啦！"以试其反应。

2. 高声呼救

溺水者对轻拍、呼唤无反应，表明其已丧失意识，应立即在原地高声呼救："救命啊！快来人哪！"倘若有他人，先拨打急救电话，后参与现场抢救。

现场要组织好对溺水者的脱险救援工作，抢救人员既要有分工，也要有合作。

急救电话内容：呼救电话语言必须精炼、准确、简单明了。

3. 急救体位

如果溺水者俯卧或侧卧，在可能情况下应将其翻转为仰卧，放在坚硬平面上，如木板床上、地板上或背部垫上木板，如此，才能使心脏按压行之有效。不可以将溺水者平仰在柔软的物体上，如沙发或弹簧床上，以免直接影响胸外心脏按压的效果。

翻身的方法：抢救者先跪在溺水者一侧的肩、颈部，将其两上肢向头部方向伸直，然后将离抢救者远端的小腿放在近端的小腿上，两腿交叉，再用一只手托住溺水者的后头、颈部，另一只手托住溺水者远端的腋下，使其头、颈、肩、躯干呈一整体同时翻转成仰卧位，最后，将其两臂还原放回身体两侧。

（1）单人抢救体位

抢救者位于溺水者一侧肩部，两腿自然分开与肩同宽，跪于该侧肩腰部水平位。避免在实施人工呼吸与胸外心脏按压时来移动膝部，便于操作。

（2）双人抢救体位

一人跪于溺水者头部水平位，进行人工呼吸，另一人跪于溺水者胸部水平位，进行胸外心脏按压。

4. 打开气道

气道是指气体从鼻腔、口腔、咽喉、气管到肺脏的通道。

（1）畅通气道的重要性

畅通气道是复苏成功的重要环节。不少人只要畅通了气道，就恢复了自动呼吸。如果气道不畅通，则对口吹气无效，胸外按压无用、后期处理（如用药除颤、脑复苏等）也将失败。

（2）气道阻塞原因

呼吸通道是气体进出肺的必经之道。由于溺水者意识丧失，舌肌松弛，舌根后坠，会厌下坠，头部前倾或有其他异物堵住，造成咽喉部气道阻塞。

（3）开放气道方法

抢救者应先将溺水者衣领扣、领带、围巾等解开，同时迅速清除溺水者口鼻内的污泥、土块、痰、涕、呕吐物等，以利呼吸通道畅通。

①仰头举颏法

抢救者将一手掌小鱼际（小拇指侧）置于溺水者前额，使其头部后仰，另一手的食指和中指置于靠近颏部的下颌骨下方，将颏部向前抬起，帮助头部后仰，拇指则可轻牵下唇，使口微微张开。

a. 注意

手指不要深压颌下软组织，以免阻塞气道。

不能过度上举下颌，以免口腔闭合。

口腔内有异物或呕吐物，应立即将其清除，但不可占用过多时间。

头部后仰的程度是以下颌角与耳垂间连线与地面垂直为正确。

b. 要求

开放气道要在 3～5 秒钟内完成，而且在心肺复苏全过程中，自始至终要保持气道畅通。

②冲击法

a. 腹部冲击法

腹部冲击法适用于成人或儿童进行气道异物阻塞的排除。

（a）立位或坐位腹部冲击法

对于意识清醒的被异物阻塞气道的溺水者可采用立位或坐位，用腹部冲击法来排除异物。

方法：抢救者站在溺水者的背后（使患者弯腰头部前倾），以臂环绕其腰，一手握拳，使拇指侧顶住其腹部正中线肚脐略上，远离剑突尖。另一手紧握此拳以快速向内向上冲击，将拳头压向溺水者腹部，连续6～10次，每次冲击都应是独立、有力的动作。

（b）卧位腹部冲击法

卧位腹部冲击法适用于意识不清的异物阻塞气道的溺水者。此方法也可用于因抢救者身体矮小而不能环抱住清醒溺水者腰部的情况。

方法：将溺水者置于仰卧位。抢救者跪于其大腿旁或骑跨在两大腿上，以一手的掌根平放其腹部正中线肚脐的略上方，不要触及剑突。另一只手直接放在第一只手背上，两手重叠，一起快速向内、向上冲击溺者的腹部，连续6～10次，每次冲击都应是独立、有力的动作。

（c）自做腹部冲击法

一手握拳，拇指侧置于腹部脐上、剑突下，另一只手握住此拳，快速向内、向上冲击。还可将上腹部压在任何坚硬面上，如桌边、椅背或栏杆，连续冲击数次。

b. 胸部冲击法

对于妊娠后期或者非常肥胖的患者以及儿童，不宜用腹部冲击法，可用胸部冲击法来排除异物。

（a）站或坐位胸部冲击法（用于意识清醒者）

抢救者站在患者背后，两臂从溺水者腋窝下环绕其胸部，一手握拳，将拇指侧置于患者胸骨中部，注意避开肋骨缘与剑突，另一只手紧握此拳向后冲击数次，直至排出异物或溺者转为意识不清。

（b）仰位胸部冲击法（用于意识不清溺者）

抢救者将溺者摆好仰卧体位，同时跪于溺者胸旁，胸部冲击手的位置与胸外心脏按压部位相同。冲击要有节律地进行。

③控水法

控水也叫倒水。控水是将溺水者呼吸道以及消化道里的水排出，以保持呼吸道通畅，以便进行人工呼吸，利于溺水者恢复呼吸或者心脏复苏。千万不要因控水时间过长，而延误了抢救的时机。控水有腿上、背上和抱腹等方法。

a. 腿上控水

（a）单人腿上控水

抢救者一腿跪着，另一腿屈膝，将溺水者腹部放于屈膝的大腿上，一手扶着溺水者的头，使溺水者嘴向下，另一只手轻拍溺水者的背部，把水排出。排出水后，要立即进行人工呼吸。

（b）双人腿上控水

抢救者一腿跪着，另一腿屈膝，将溺水者腹部放于屈膝的大腿上，一手扶着溺水者的头，使溺水者嘴向下，另一只手扶住溺水者的腿。另一名抢救者用双手压溺水者的背部，把水排出，排出水后，要立即进行人工呼吸。

b. 单人抱腹控水

抢救者站在溺水者的背后或体侧，双手抱住溺水者的腹部往上提，使溺水者嘴向下，反复抱提几次，把水排出，排出水后，立即进行人工呼吸。

c. 双人背上控水

抢救者双腿跪下，双臂撑地将其背弓起，将溺水者腹部放在抢救者背上，使溺水者头向下，另一名抢救者用双手压溺水者的背部，把水排出，排出水后，立即进行人工呼吸。

5. 人工呼吸

（1）判断有无自主呼吸

在保持气道通畅的情况下，抢救者用耳贴近溺水者的口鼻，采取一看、二听、三感觉的方法，必须判定溺者有无自主呼吸。

看：观察溺水者胸部（或上腹部）有无起伏；

听：聆听溺水者口、鼻有无呼吸的气流声；

感觉：抢救者用面颊感觉有无气息的吹拂面频感。

如果溺水者有自主呼吸，则应继续保持气道通畅。

如果溺水者无自主呼吸，则应检查有无异物阻塞气道，如有异物阻塞立即清除。待清除异物后，再继续观察。如溺水者在打开气道和清理口腔异物后仍无呼吸，要立即采取人工呼吸的方法。

要求：判断有无呼吸要在 3～5 秒钟内完成。

（2）人工呼吸的原理与方法

①人工呼吸的原理

维持人的呼吸功能和保持新陈代谢的正常进行，需要充足的氧气（新陈代谢）和足够的二氧化碳（刺激呼吸中枢产生自主呼吸）。正常人吸入的空气中，含氧 20.94%，含二氧化碳 0.40%；呼出的气体中，含氧 16%（肺脏只吸收氧含量的 20%，其余的 80% 原样呼出），含二氧化碳 4%。心肺复苏做人工呼吸时，抢救者因过度换气（加倍呼吸），呼出的气体中，氧的含量即为 18%，二氧化碳的含量则为 2%。在一般情况下，抢救者仅需用其通气量的 20%，就足以使溺水者保持适度的通气。

②人工呼吸的方法

a. 口对口的吹气

在保持气道开放的同时，抢救者用放于溺水者前额的手的拇指和食指，捏住溺水者的鼻孔，以防吹气时气体从鼻孔溢出。同时，深呼吸，在深吸一口气后，用双唇包严溺水者的口唇，以防漏气，然后缓慢而持续地将气体吹入，连续进行两次充分吹气。每一次吹气完毕，应抬起嘴，手松鼻，并侧转头吸入新鲜空气，同时观察溺水者胸部。如果吹气有效，溺水者胸部会膨起，并随着气体的排出而下降，然后再做下一次吹气。

口对口吹气后，要想知道通气是否充分，仍要用判断有无呼吸的方法，看胸部有无起伏，听和感觉有无气流呼出。如果发现吹气无效，可调整溺水者的头部位置，使气道通畅；若仍不能通气，说明气道被异物阻塞，则需要清除气道异物。

每次吹气时间为 1～1.5 秒。每次吹气量应为 8 毫升，充分吹气一般不超过 12 毫升。吹气量少通气不足，吹气量过多过快则可使空气进入胃部引起胃扩张，导致呕吐、误吸。

b. 口对鼻吹气

口对鼻吹气一般用于不适宜口对口吹气的情况下。如牙关紧闭、口不能张开、口对口密封困难、口腔周围严重外伤或者其他原因导致不适宜口对口吹气的情况。鼻出血或鼻阻塞时禁用口对鼻吹气。

抢救者用一只手小鱼际压住溺水者前额，使头后仰，另一只手托其下颌，使口完全闭合。抢救者深呼吸，再深吸气后，用双唇包绕溺水者鼻部，呈密封状态，再向鼻孔内吹气。

c. 口对口、鼻吹气

此方法用于对婴儿进行人工吹气，即抢救者用嘴将溺儿的口鼻同时包住，盖严后吹气。

6. 判断有无脉搏

判断溺水者心跳是否停止，常用触摸颈动脉或肱动脉来确定（成人、儿童触摸颈动脉，婴儿触摸肱动脉）。

（1）检查方法

部位：颈动脉位于胸锁乳突肌前缘中点，平喉结的环状软骨高处。肱动脉位于上臂内侧，肘和肩之间。

方法：成人和儿童——抢救者用一只手在溺水者前额，持续保持头部后仰的同时，另一只手的食指和中指尖并拢置于溺水者的喉部平喉结，向靠近抢救者一侧的颈部滑动到胸锁乳突肌前缘的凹陷处，检查颈动脉是否搏动；婴儿——抢救者用一只手大拇指置于婴儿上肢外侧，肘和肩之间再用食指、中指轻轻压在内侧，检查肱动脉是否有搏动。

（2）注意事项

因脉搏可能缓慢、不规则或微弱而快速，可触摸颈动脉 5～10 秒来确定。

检查颈动脉应该轻柔触摸，不可用力压迫，避免刺激颈动脉窦，引起迷走神经兴奋而反射性地引起心跳停止。

为判断准确，可先后触摸双侧颈动脉，但禁止两侧同时触摸，以防阻断脑部血液供应。

正确判断有无脉搏很重要。因为对有脉搏的溺水者进行胸外心脏按压，会引起严重的并发症。如果有脉搏而无呼吸，则只需要进行人工呼吸。如摸不到脉搏，则可确定其心跳停止，方可进行胸外心脏按压。

总之，抢救者若判断溺水者无脉搏搏动，心脏跳动停止，应立刻实施人工循环——胸外心脏按压救治，成人与儿童、婴儿按压手法略有不同。

7. 紧急止血

抢救者对有严重外伤的溺水者，还应检查溺水者有无严重出血的伤口，若有，应当采取紧急止血措施，避免因大出血引起休克导致死亡。

（1）止血意义

止血是防止休克、挽救溺水者生命的重要措施，有效地止血能赢得将溺水者转送到医院进行抢救的宝贵时间。

（2）止血方法

①伤口压迫止血。

②指压止血。

③止血带止血。

8. 保护脊柱

在现场救治中，要特别注意保护溺水者脊柱，并在医护人员监护下进行搬动转运，避免脊髓受伤或使受伤脊柱加重损伤，造成截瘫甚至死亡。

第四节　心肺复苏

一、心肺复苏和现场心肺复苏的定义

（一）心肺复苏

心肺复苏（简称 CPR）是为挽救猝死者生命所采取的一种急救技术。目的是使伤病者的心脏、肺脏恢复正常的功能，生命得以维持。

（二）现场心肺复苏

现场心肺复苏是针对猝死者所采取的最初级、最基本的心肺复苏术，是最基础的生命支持，是挽救生命的重要阶段，是现场的、初期的、及时的，在没有任何设备的情况下，现场心肺复苏是徒手进行抢救的有效的基本措施，是便于学习且容易掌握的急救技术。

现场心肺复苏适用于抢救由于各种原因引起的猝死者（如严重溺水者），即突然发生的呼吸和心跳骤停。心脏一旦停搏，血液停止循环，生命器官内储的氧在 4～6 分钟内即可耗竭。

当呼吸首先停止时，心脏尚能排血数分钟，肺和血液中储存的氧可继续循环于脑和其他重要器官，因此对呼吸停止或气道阻塞的患者进行及时抢救，可以预防其心脏停搏。

二、现场心肺复苏的重要意义和作用

人体大脑是高度分化和耗氧最多的组织，因此对缺氧最为敏感。脑组织的重量虽然只占自身体重的 2%，其血流量却占心输出量的 15%（每分钟约 800 毫升），而耗氧量则占全身耗氧量的 20%，儿童和婴儿的脑耗氧量可占 50%。在正常温度下，当心跳停止几秒钟，人就会感到头晕；10～20 秒时即可昏厥或抽搐；30～45 秒时可出现昏迷、瞳孔散大；60 秒后呼吸停止，大小便失禁；4～6 分钟后脑细胞开始发生不可逆转的损害；10 分钟后脑细胞死亡。因此，为了挽救生命，避免脑细胞的死亡，就要求在心跳骤停的 4～6 分钟内立即进行现场心肺复苏术的抢救。复苏的成功不仅在于使心跳、呼吸恢复，更重要的是恢复大脑的正常功能。现场心肺复苏术开始得越早，复苏的成功率就越高。

心肺复苏是挽救生命的一种方法。对面临死亡的溺水者在施救心肺复苏时，首先要做瞳孔和口鼻腔的检查和清理。如果呼吸已经停止时，应该立即进行口对口吹气，溺水者的头部要尽量后仰，同时要用手指捏住其鼻子；如果溺水者牙关紧闭时可用口对鼻吹气，吹气时要托住其下颌，使口不漏气。无论是口对口吹气还是口对鼻吹气，都是为了解决溺水者的缺氧问题。

吹气每分钟以 12～16 次为宜，不应过多或过快。如果溺水者心跳已经停止了，应迅速地进行胸外心脏按压即心肺复苏。

三、胸外心脏按压法

（一）基本概念

胸外心脏按压是指在胸廓外用人工的力量间接压迫心脏，使心脏有节律被动受压（收缩）和松弛（舒张），形成血液循环。

（二）原理

人体胸廓有一定的弹性，肋软骨和胸骨交接处可因受压而下陷。因此，按压胸骨下段即可间接压迫心脏，使心脏内的血液排空。这种压力可以使血液射向肺动脉、主动脉，流向肺和全身各脏器，部分经颈动脉流入大脑。放松压力时，胸骨由于两侧肋骨及软骨的支持又回到原位。由于胸腔的扩张，胸内负压增加，静脉血回流到心脏，心室又得到血液的充盈，通过这样有规律地按压和松弛，建立起人工的血液循环。

第六章 防溺水安全教育的对策与实施

第一节 开展防溺水体育课程教育

防溺水体育课程教育在安全教育中经常不受到人们的重视，而溺水却是威胁青少年生命安全的要素之一。在义务教育阶段，防溺水安全教育的开展相对滞后，所以推进防溺水体育课程教育的开展是十分有必要的。预防和控制溺水事件需要认知、分析和判断，并为今后开展和普及防溺水教育奠定基石。

一、防溺水体育课程教育开展的目的

人们普遍认为水对生命至关重要，强调了水在人类生长和发展中的重要性。水上运动既对人体生长发育有促进作用，又存在一些潜在危险，水上运动一方面有利于预防疾病、促进健康恢复和健身，另一方面溺水等事故也对生命安全构成了威胁。基于国际上对水上运动的成熟认识，探索适合我国国情的新路径，以水上运动发展践行健康中国倡议至关重要。研究数据表明，非故意溺水是全球三大死亡原因之一，也是儿童和青年十大主要死亡原因之一。因此，实施防溺水体育课程是十分重要且紧迫的。

研究表明，可以通过对溺水事故的认知、分析和判断来预防和控制溺水，这将为未来促进广泛传播防溺水教育奠定坚实的基础并探索出其规律进而对其进行有效的防控。在实施防溺水体育课程时，应遵循以下六条规则：

（1）不要私自游泳；

（2）不要擅自和其他人一起游泳；

（3）不要在没有家长或教师监督的情况下游泳；

（4）不要在没有安全设施或空旷无人的水域游泳；

（5）不要在陌生的水域游泳；

（6）未经允许，不熟悉水的学生不应尝试救援行动。

根据这六条规则，可以有效地预防和减少溺水事故的发生，学生在面临危险时可以利用他们学到的自救知识和技能进行自救。防溺水安全教育可以让学生了解溺水的原因和后果，从而预防和减少溺水事故的发生。

二、防溺水教育开展的必要性

（一）防溺水教育是健康教育、安全教育和生存教育

防溺水体育课程教育的实施应重点关注以下两点。

（1）科学健康的教育应立足于青少年的认知和心理特点。除了培养学生树立积极的、正义的价值观，也要让学生接受有关防溺水的安全教育和预防伤害教育的指导。同时，要大力投入对防溺水安全教育的研究以及建设教育阵地，建立完整且规范的训练规章，满足青少年的成长需求。

（2）强调加强安全和自我保护教育。在分析了许多溺水事故后，我们发现，当前的防溺水体育课程教育缺乏自我保护和自我训练。这需要在安全和保护教育的基础上，对每种教材进行科学、系统、完整和多媒体的整合，以促进安全系统中防溺水教育的发展，使学生能够在安全的条件下进行体育锻炼，从而增强体质。

防溺水体育课程教育是健康教育、安全教育和生存教育。只有在安全的教育系统中，学生们才能健康地进行学习和运动。此外，在任何一次事故中，必须使用所获得的有关溺水的知识，科学合理地采取行动，既要救助他人，也要确保自身的安全。

（二）防溺水体育课程教育能有效培养游泳技能和自救技能

水上运动一直以来都是人们十分喜爱并且追捧的活动，开展防溺水体育课程教育有助于增强学生的学习兴趣。在学校里，对于游泳的学习，既可以通过体育教师进行授课，也可以请社会专业游泳训练教练进行指导，只需要少数课程就可以使学生学会。

当学校缺乏足够的硬件设施时，教师可以带学生到校外游泳池进行教学与训练，以确保所有学生都能学习游泳技能并获得知识的储备。研究表明，掌握游泳技能可以非常有效地减少溺水事故的发生，当遇到危险时，可以进行各种各样的自救手段，同时救护他人。

三、防溺水体育课程教育的开展

（一）防溺水体育课程的体系化和制度化建设

防溺水体育课程的体系化和制度化的发展可以从以下两个角度进行分析。

（1）宏观调控，主要涉及国家出台的与防溺水教育体系相关的制度和监管。从立法到实践，必须存在一个完整、规范的系统，并从各个方面考虑相关的理论和经验，为人们提供参考。学校必须将防溺水教育整合到学校的教育系统中，并优先考虑安全第一的防溺水教育。

（2）微观监管，在不同的省份和学校建立一系列的防溺水模式。建立系统和制度，不断完善相应的防溺水教育，加强国家和地方各级政府对防溺水教育的体系化和制度化建设。

（二）学校游泳体育课程的完善

游泳作为一种水上运动，其课程的开展会受到很多因素的制约。例如，气候条件的影响，如北方地区由于气候较冷，游泳课的开展及其训练较少。另外，还有场地、资源、师资等条件也会在一定程度上影响游泳课程的开展。因此，由于这些条件的制约，学校在进行体育课程教育的时候，往往会忽视游泳体育课程，或者只进行理论课的开展，通过课堂会议和观看宣传视频、纪录片等进行教育，学生无法真正掌握游泳技能，缺乏足够的技术。同时，校内的体育教师对于游泳教学的掌握也不够专业，缺乏安全认证或教练的资格，游泳体育课程的学习效果大打折扣。

综上，为完善游泳体育课程，学校可以发挥自身的优势，结合当地特色，形成"学校社区共建、学校社区共享、学校社区治理"的体系，为学校游泳体育课程的开展提供有力的支持。

（三）防溺水体育课程教育的普及

学校可以采用多种教学模式，如限制理论学习时间，让学生更多地进行实践学习。重视对教师进行防溺水安全教育的培训，为防溺水安全教育打下坚实的基础。学校作为学生主要的活动空间之一，也是提高学生安全知识，了解伤害防范的主要渠道。因此，普及防溺水体育课程教育，也是有效保障学生的生命安全的方式之一。可以通过以下三种途径进行着手。

（1）防溺水安全教育不仅需要体育教师进行了解，同时也需要其他各科的教师配合与宣传。学校可以将防溺水的法律法规及相关的政策传达给各科教师，通过各科教师的影响力，潜移默化地传达给学生，提高学生的安全意识，预防溺水。

（2）加强体育教师的游泳技能，定期进行相关的培训，帮助学生对游泳技能，包括防溺水技能、技巧和方法，以及救护知识，如水中拖带、水中解脱等的掌握与熟练。

（3）防溺水体育课程教育是需要学校和家庭共同完成的教育。学校和家庭要加强管理，加强对防溺水意识和应急反应能力形成的监督。

防溺水体育课程教育在本质上就是安全教育，既能对学生的安全意识进行培养，又能提高学生的生存技能。开展和普及防溺水体育课程教育，重点提高学生的安全意识，才能真正实施和普及防溺水教育，确保青少年的生命安全。

第二节 创新防溺水宣传形式

一、防溺水宣传的现状

防溺水安全教育一直是学校和相关部门重点关注的工作。尽管教师们反复叮嘱，家长们也不断提醒，但青少年溺水事故依然时有发生。传统的防溺水安全教育的宣传模式，如宣讲式、灌输式等安全教育，并没有吸引学生的兴趣，使学生认识到溺水的危险性。

因此，我们必须根据青少年心理发展的特点，改变僵化的传统教育模式，创新形式，让防溺水安全教育真正对学生发挥作用，认识其必要性，才能尽量避免溺水事故的发生。

二、防溺水宣传的创新方法

（1）对低年级学生可以采用童谣、儿歌等方式，将安全教育融入学生生活、儿童游戏中，让学生在唱、演中将防溺水安全教育铭记于心。

（2）创编防溺水手指舞、防溺水情景剧，进行救生衣（救生圈）穿戴培训、自救自护知识教学等新形式，引导学生牢记防溺水安全知识。

（3）定期组织学生观看防溺水科普知识的动画短视频、真人短片等，以生动立体的方式展现防溺水安全教育的重要性和必要性，使学生认识到溺水事故的严重性、不可挽回性。

（4）采取实地操练的形式，组织学生开展防溺水应急演练，通过情境式、演练式的方法教给学生防溺水的实用技能。学生通过真实的体验，能够获得更加真切的感悟。学校及相关部门可以邀请专业救援人员来校，教授学生急救知识和自救方法，鼓励学生将安全宣传手册里的知识在现实中进行实践，提高学生的安全意识，增强其自救和互救的能力。

（5）通过分享鲜活的案例激发学生进一步思考。教师可以通过报刊、新闻报道、网络等途径，精心选择一批防溺水安全教育典型案例，带领学生共同分析事件过程以及导致安全问题的前因后果。另外，还可以设置具体问题情境，让学生感同身受，启发学生进行问题辨析，增强学生的安全意识。

（6）有条件的地区可以组织学生到安全教育体验馆进行沉浸式体验，观看溺水事故警示教育片，通过真实案例展开讨论，总结教训，起到警钟长鸣、强化安全氛围的效果。

（7）学校还可以将安全教育做成短视频，定期推送给学生和家长。内容丰富、形式多样、风格鲜明的短视频，可以极大地提高学生的安全防范意识与自护自救能力。

第三节　"家、校、社"一体化防溺水安全教育

一、"家、校、社"一体化进行防溺水安全教育的重要意义

"家、校、社"一体化被广泛运用在以学生为中心的各大教育活动中，如学校教育、德育、体育项目的开展，阳光体育的实行等，都通过一体化的实施取得了一定成绩，这对预防溺水有着积极借鉴作用。意外溺亡对每一个家庭来说都是令人及其痛心的事，全社会会需要对学生共同呵护。

家庭是孩子成长的基础，学校是实施教育活动的主要场所，社

区为家庭和学校提供资源丰富的平台，成为依托，三者在发展过程中相互影响、缺一不可。"家、校、社"一体化防溺水安全教育，有利于通过家庭、社区、学校的协同配合，实现防溺水在时间、空间上的紧密衔接，保证防溺水安全教育在观念上的高度一致，且使各方防溺水的教育作用互补，从而形成全方位的防溺水安全保障体系，进而保障生命安全。

二、"家、校、社"一体化防溺水安全教育发展的具体路径

（一）外部环境协同

防溺水安全教育不仅需要家庭、学校、社区三方的努力，更需要教育部门与体育部门通力合作，为家庭、社区、学校三方进行一体化防溺水安全教育提供强有力的外部环境保障。只有外部环境达到了一定的条件，内部各个子系统才能形成自动运作的状态。

教育部门与体育部门通过协同，彼此之间能够优势互补，共同为防溺水安全教育保驾护航，教育部门与体育部门通过联合颁布相关防溺水安全教育政策文件、设计防溺水安全教育课程体系、配备优秀的师资以及场地等资源，为家庭、学校、社区进行一体化防溺水安全教育维持稳定的外部环境。

1. 教育部门：牵动引领

教育部门作为防溺水安全教育政策的制定者和引导者，决定着防溺水安全教育的发展方向与进程，是防溺水安全教育体系建设的主导因素。

（1）政府要建立健全工作机制。各级政府有关部门要通力合作，充分发挥各自优势，为防溺水安全教育提供指导、培训和服务。同时，整合教育系统相关资源，不仅要发挥学校教育系统的优势，还要整合社会资源，包括社会游泳俱乐部、水域安全专家等资

源，通过设立合作共育平台，开展合作教育，成立防溺水安全教育委员会，组织开展防溺水安全教育的相关研究、咨询和指导等，形成持续的多元化教育体系，有效促进防溺水安全教育的高质量发展。

（2）完善防溺水相关政策，尤其要注意将政策落到实处。积极制定和落实相关防溺水安全教育政策措施，通过教育部门统筹规划、政策引领等激励"家、校、社"三方协同推进防溺水安全教育，积极建立健全相关法律法规、政策制度，为"家、校、社"防溺水安全教育的发展提供健全的管理体系和强有力的统筹组织，为"家、校、社"三方协同教育活动的开展提供制度上的保障。

（3）政府部门要加大对"家、校、社"一体化防溺水安全教育经费的投入，家庭、学校、社区在教育活动中所需要的人员、场地、设施设备等都离不开经费的支持。因此，政府部门要建立健全教育经费投入比例，加大对家庭、学校、社区三方的防溺水安全教育的资金投入，为"家、校、社"一体化防溺水安全教育的发展提供资金的保障。

（4）政府可以运用现代信息技术和媒体加强对"家、校、社"一体化防溺水安全教育的宣传，通过各种途径增强人们对"家、校、社"开展防溺水安全教育的理念，帮助全民形成"家、校、社"一体化防溺水安全教育的科学认知。同时建立防溺水安全教育课程体系以及监督机制，通过上层教育设计、规划，真正让防溺水安全教育融入学校教育。

2. 体育部门：支持保障

防溺水安全教育包括安全知识与安全技能，其中技能是指游泳、水中自救、救护等水中能力，这些都属于体育中的一部分。水环境是一个特殊而又危险的环境，它不同于陆地——正常呼吸即可，在水域中必须掌握正确的呼吸技巧，如漂浮能力、水中控制能力等，才能在水中保证安全，这也就是意外落水后如若得不到及时的救护极易发生溺亡的原因，所以我们只有掌握水中的行为能力及自救与救护技能，才能真正做到防溺水、保障生命安全。

体育部门作为防溺水安全教育的外部环境，应在"家、校、社"一体化开展防溺水安全教育时提供一个良好的场地环境。目前，我国校园中只有少数学校才有能力在学校建立游泳池，这就对防溺水安全教育的顺利开展形成了阻碍，而体育部门作为统筹我国体育组织机构和体育项目开展的风向标，若能在"家、校、社"一体化防溺水安全教育推行时，促进社会体育组织与学校之间的合作，为学校提供游泳场地，让防溺水安全技能能够充分实现实践教学，可使防溺水安全教育不只流于形式，抛除重理论、轻实践的做法，让学生在实践中学习，真正掌握防溺水安全教育知识与技能。

另外，体育部门面临着很多游泳运动员退役后再就业问题，这些运动员拥有优秀的游泳技术，防溺水经验十分丰富，培养这些游泳运动员从事防溺水安全教育，不仅能够解决优秀运动员退役后难就业问题，还能解决现如今防溺水教育缺乏师资的问题，比教育部门从头培养防溺水师资力量更具有优势。

（二）内部主体协同优化策略

通过对家庭、学校、社区三方的防溺水安全教育现状、问题以及原因分析得出，三方主体对防溺水教育的理念、教育形式与内容、资源配置、主体沟通上以及监督机制上存在不同的问题。通过协同各方的需求与优势，明确防溺水安全教育理念，丰富教育形式与内容，三方资源相互利用，从而建立统一的沟通平台以及完善监督机制，发挥学校主体的作用，重视家庭和社区援助的作用，促进"家、校、社"一体化防溺水安全教育发展。

1. 学校层面：教育引导

（1）要树立防溺水安全教育理念。教育理念是推进家庭、学校、社区一体化发展的内在驱动力。只有三方都在防溺水安全教育理念上保持高度重视才能实现行动上的一致，大多数家庭虽然重视防溺水安全教育，但这种重视只是保留在口头上，没有转化为实际教育，原因是大多数家庭对防溺水安全教育的认识不深。学校是教育的前沿，一直是最新教育理念的实行者，对防溺水安全教育理念保持着最全面、科学的认识，学校通过将防溺水安全教育的理念转化为通俗易懂的概念，定期通过家长会向家长们宣传、讲解，通过与社区管理人员保持联系，三方共同举办防溺水安全教育的讲座，充分宣传防溺水教育理念，增强家庭、社区对于防溺水安全教育概念的理解。同时，学校应不定期地举办联合教育培训，帮助家长和社区人士树立科学的防溺水安全教育观念和协同教育理念，积极提升个人水域安全认知，普及防溺水安全教育知识，对学生进行全面科学的水域安全教育，从而做到关注学生生命安全、从教育引导开始。另外，学校自身也应不断提高教师的自我安全教育水平和教育素养，对学校教师进行安全教育培训，营造一个良好的学校教育环境，给学生、家长及社区人士做好榜样，为促进家庭和社区学校的建设和发展提供条件，促进三方一体化防溺水安全教育的有效实行。

（2）要完善学校的防溺水安全教育体系。只有拥有完备的教育体系，才能够将防溺水安全教育科学化、具体化，才能根据学生的身心发展规律编制适合学生发展的安全课程。通过多种方式丰富防溺水安全教育的形式与内容，开辟专门的防溺水体育课程，丰富课程内容，增强课程趣味性，在学生发展的关键期给予最科学、合理的教育，能够让学生更好、更快地接受防溺水安全知识与技能，同时将研究的结果分享给家庭、社区，"家、校、社"三方合作，为学生学习防溺水安全教育提供最基本的保障。

（3）以学校为主体建立"家、校、社"一体化沟通平台，加强安全监督。如今网络技术发达，很多学校教育资源都是通过家校共育的网络平台进行传递和共享的，学校可以对已有的家校合作平台进行进步一体的开发与利用，拓展平台的服务功能入口和路径，将社区拉进共育平台，建立统一的沟通平台，对学生中午、下午放学后的实时状态进行有效的管控。学生离开学校，教师在沟通平台上及时发布学生离校信息；社区水域管理人员收到通知后及时安排当日巡查人员在学生放学途经的危险水域进行巡查监督；家长也可以通过沟通平台及时关注学生放学的动态，了解学生放学的动态，及时将孩子安全接送回家。学生平时的生活离不开学校、社区、家庭三个地方，如果能够掌握学生的实时状态，就可以对学生的安全进行有效的监督。

（4）学校作为教育的主要阵地，要主动发挥教育的积极引导作用，以及协调各方资源，扮演好"家、校、社"一体化防溺水安全教育中的桥梁和中介角色。学校的管理部门要深刻认识到，高质量的防溺水安全教育不能只靠学校教育来进行。家庭、社区也应充分发挥各方优势参与进来，协调各方资源的利用和开发是当前防溺水安全教育面临的刻不容缓的任务。学校防溺水安全教育师资与场地的缺乏是学校不能很好地开展防溺水安全教育的原因之一，但社区拥有经验丰富的防溺水救援人员以及大量的游泳馆和水域资源。学校可以通过与社区进行合作，进行人力、物力的资源互补，积极鼓励支持教师参与水域安全培训，提升教师的专业素养，提升体育课堂质量。学校教师具有丰富的教育理论基础，社区防溺水救援人员具有丰富的溺水救援实践，通过组织学校的教师与社区的防溺水救援人员相互学习，使两方人员进行深度的交流沟通，探索出一个两方人员通力合作，齐心协力教育学生的新教学模式。同时，家长邀请共同交流学习，三方共同为防溺水安全教育事业添砖加瓦。通过综合优秀的师资力量，达到优化防溺水安全教育作用，以及可以引进社区俱乐部进校园，将学生的课堂搬到游泳俱乐部进行学习，让学生可以学习到理论知识，学习到防溺水安全实践技能。为了使教育融合不再流于形式，学校应该定期向家长和社区开放，并邀请家长和社会人士直接参与学校的工作，对家长的教育需求充分了解，在了解学生的在家学习和生活习惯的基础上，针对学生不同的年龄特点，有的放矢地组织开展家庭、学校、社区协同教育活动，并在活动开始之前向家长和社区代表介绍本次活动的目的和计划，告知家长和社区需要配合的方面，使家长和社区管理人员通过参加活动更新教育观念，加深对于"家、校、社"一体化教育的认识。

2. 家庭层面：关注引导

家庭环境是决定因素，父母是孩子的第一任教师，父母在各方面都给予孩子深远的影响，使之在日常生活中不知不觉地接受了来自家长的教育，父母的一言一行都可能影响孩子对防溺水的学习态度。父母对防溺水安全教育的重视程度，在无形之中会影响到孩子对防溺水安全教育的理解，因此父母在防溺水安全教育中扮演着至关重要的角色。

（1）父母、长辈要树立正确的防溺水安全教育理念，不仅要关注学生的学业成绩，也要关心学生的生命安全教育。父母要摆脱从前狭隘、片面的陈旧观念，如"淹死的都是会游泳的"等相关不科学思想观念，这些错误观念会给孩子造成错误的认知。通过提高父母、长辈对防溺水安全教育的意识，建立自主学习、全员学习、共同分享的学习型家庭，为"家、校、社"一体化防溺水安全教育的开展提供可能。家庭需要认识到家庭教育对孩子的重要性，在日常的教育活动中要积极配合学校、社区，对防溺水安全教育组织的相关教育实践活动积极参与，给孩子做一个良好榜样，同时在对孩子平时的教育中贯穿防溺水意识，让孩子在潜移默化的影响下提高防溺水安全意识，让孩子从心理上重视防溺水安全教育，自觉地养成水域安全行为。

（2）在防溺水安全教育上，家庭要改变传统的防溺水教育形式与内容，将口头教育转变为实际教育。首先，家长自身要主动学习防溺水安全知识与技能，以及学校相关的防溺水安全教育讲座，提升自身的教育能力，将科学的教育知识与技能传授给孩子；其次，家长要主动培养孩子游泳技能，让孩子爱上游泳这一项运动，从而在快乐游泳中让孩子学会一定的水中自救技能；最后，在生活中通过亲子实践活动、学校的安全教育、社区组织的相关比赛等与孩子一起学习基础的防溺水实践技能，让学生掌握基本的自救措施，在学生遇到溺水危险时能够尝试自救或者救人。通过参与类似的活动不仅能得到学习，最重要的是能够增进家庭和谐的氛围，具有较为明显的效果。此外，在学生的空闲时光可以鼓励学生参与社区的游泳培训学习，让学生学习游泳的相关技能，提高自身防溺水技能水平。

（3）家庭要发挥沟通平台优势，时刻关注学生动态。依托现有的家校网络沟通平台，积极与学校建立有效的联系，一方面可以了解学生在学校的表现，另一方面可以对学生的动态时刻保持关注，能够有效地对学生安全进行监督，及时将学生的安全情况反馈给学校。而在相对薄弱的家庭与社区联系方面，应通过尝试建立多种渠道，努力让社区参与进来，共同维护学生健康成长。父母在平时可以带孩子走进社区参加防溺水安全讲座，培养学生良好的学习习惯，增加学生休闲时光的趣味性。通过各种方式建立"家、社"交流平台，通过后续的完善与改进逐渐融合形成"家、校、社"一体化交流平台。

（4）利用家庭有限的资源，给予学校和社区最大的帮助。父母可以将现实中的防溺水安全问题及时地反馈给学校和社区，提供有效的细心资源反馈，让学校、社区在某些方面上重视，建立针对性应急预案，也可以和学校、社区一起举办防溺水安全教育座谈会，共同商议有效的防溺水措施。

3. 社区层面：保障支持

社区在三方一体化防溺水安全教育中发挥着重要的支持和保障作用，学生在学校由学校保护，在家由家庭保护，在学校与家庭的中间需要社区方面给予最大的支持，但往往社区与家庭、学校两者之间缺乏有效沟通，导致一体化共生合力难以形成，社区方面相对独立于其他两者。

（1）社区管理层要提高对学生防溺水安全教育的重视程度。孩子意味着一个家庭的幸福与未来，若孩子不慎发生意外，将给家庭和周围人员带来难以磨灭的伤害，要想做到防微杜渐，就得从生活环境开始着手。只有社区管理人员意识到防溺水安全教育的重要性，才会将政府下发的政策文件落到实处，从教育引导做起，参与到学校、家庭的防溺水安全教育中，让学生的生命安全教育从家庭到学校再到社区，使学生在接受安全知识时做到无缝衔接，形成一个完整的教育链。

（2）社区要对学生实施针对性的防溺水安全教育内容。尤其是在小学这个阶段，孩子对外界任何事物都极为好奇，他们充满着探知欲、好动欲。因此，社区在实施防溺水安全教育时可以组织一些户外实践活动，带领学生前往社区的相关水域，去辨识水域周围的安全标志，结合水域实际环境，对学生实施教育，普及防溺水安全教育基本知识，让学生在实际环境中学会判断水域情况，掌握防溺水安全教育的基本知识。同时，社区应积极与学校合作，并且社区在每年夏季来临时要及时进行防溺水安全宣传或救生培训活动，积极动员居民参与培训，定期组织防溺水安全教育讲座，邀请水域安全专家进行安全讲座，普及防溺水安全教育知识和遇到危险时的求生技巧，家长和学生要积极参与、主动学习、提高自身安全意识和安全技能。

（3）社区要积极配合学校、家庭加强沟通平台的建设，有效的沟通是行动的基础。社区应积极加强沟通平台建设，与学校、家庭之间建设统一沟通平台。社区成员自发组建一支家长水域安全巡查队伍，合理安排好每日巡视人员，及时关注沟通平台中学校发布的学生放学信息，对社区内学生放学所经过水域进行监管巡视，做好安全防护。此外，社区要完善安全救援体系，做好医疗保障，在发生意外溺水事故时，能够及时对溺水人员进行救治，及时调配社区资源。不仅要从源头上做到根本防护，同时还从安全保障上做到及时有效。

（4）社区作为家庭、学校活动的范围，要做到资源共享，为"家、校、社"一体化防溺水安全教育建设助力。社区要发挥社区内体育俱乐部的充分优势，与学校、家庭积极合作，为其提供一个良好的实践教育平台。社区游泳俱乐部可以采取与家庭、学校互利共赢的方式，与学校进行体教融合，学校定期组织学生前往俱乐部进行水中自救与救护技能的学习；为社区家庭开设暑期游泳安全技能培训课程，合理收取费用。学生、家长通过社区俱乐部学习到真正有效的安全技能，俱乐部通过提供场地设施获得相应收入，实现互利共赢。

4. 学生层面：发挥主观能动性

学生作为溺水事故频发的主要人群，在政府、家庭、学校、社区为学生安全提供教育和保障的同时，学生个人也应该积极参与进来，充分发挥其主观能动性，积极学习，主动参与防溺水安全教育学习，自觉树立和养成安全意识、安全行为，掌握基本的防溺水安全知识和技能，积极参加学校、社区组织的各种防溺水教育活动，不断提高自身的安全素养。从学生本身降低溺水事故的发生率，同时配合家庭、学校、社区以及政府的引导，以更好地推进防溺水安全教育。

综上所述，我们需要充分发挥一体化防溺水安全教育整体作用，为学生终生的身心健康安全服务，在政府的牵动引领下，通过采取多种方式建立统一的交流平台，以及全面的后勤保障工作，在家庭教育的关注引导之上，结合社区的保障支持，积极发挥学校教育主阵地作用，肩负起教育引导，发挥"1＋1＋1＞3"的组合效力。同时，引导学生形成正确的学习观，发挥主观能动性，积极参与三方开展的合作教育，提高自身安全意识和行为，掌握防溺水安全技能。

因此，有必要消除"单兵作战"的传统观念，突破学校和社区之间的制度屏障，消除学校、家庭和社区之间的壁垒，从观念认知、信息沟通、资源共享、制度保障四个方面真正实现"家、校、社"一体化防溺水安全教育，共同为祖国的未来作出努力，真正做到保障学生的生命安全。

第四节　儿童青少年防溺水教育 存在的问题及对策

一、儿童青少年防溺水教育存在的问题

（一）部分家长对防溺水教育不够重视

防溺水教育对儿童青少年的安全至关重要，必须加大对其的重视程度。多年来，政府和学校都高度重视儿童青少年防溺水教育，实施了各种有效措施。不幸的是，一些家长没有把防溺水教育放在首位，低估了它的重要性，这导致了儿童青少年溺水的悲剧事件。造成这种情况的主要原因：首先，他们认为自己的孩子溺水是一种低概率事件，不会发生在自己的孩子身上；其次，他们认为自己的孩子不太可能在不安全的水中玩耍；最后，父母忙于工作和日常琐事，没有注意到这个问题。由于家长对政府和学校在防溺水教育方面的努力缺乏关注和支持，这些悲剧发生了。由此可见，父母监督不力是导致儿童青少年溺水的重要因素，也是儿童青少年防溺水教育没有取得效果的重要原因之一。

（二）相关部门并未承担起防溺水教育的责任

许多人错误地认为，在没有其他部门参与的情况下，为儿童和青少年提供防溺水教育完全是学校和家长的责任。然而，如果我们想让防溺水教育取得想要的效果，政府相关部门必须积极参与，共同建立一个覆盖所有儿童青少年的综合网。研究表明，尽管一些地

方政府通过下发文件要求相关部门积极参与儿童防溺水教育，但许多部门采取的是"上有政策，下有不同做法"的态度，只是表面上遵守但或没有正确执行这些要求，目的只是以免日后报告时陷入麻烦。所谓的提供预防意外溺水的培训，实际上只有少数人得到了培训，这更像是在做一些表演，在活动中拍些拍照，这样在需要时就可以获得材料。总体而言，许多部门未能在提供有效的儿童青少年防溺水教育方面承担起应有的责任。

（三）儿童青少年防溺水教育中欠缺游泳教育

儿童青少年出现溺水身亡情况，主要原因之一就是不会游泳。同时，很多地区和学校没有将游泳纳入防溺水教育之中，其内容主要集中在提醒家长教育孩子远离危险水域，如池塘、河流等；要求学生自己完全避开自然水域，包括禁止私自进入自然水域，其中没有要求监护人培养孩子的游泳技能。如果每个孩子都有很强的游泳技能，那么溺水导致意外死亡的概率肯定会大大降低。另外，由于缺乏适当的设施或合格的教练等问题，大多数学校没有提供游泳课程，这导致许多孩子不会游泳，从而增加了事故导致溺水死亡的可能性。

总之，儿童青少年防溺水教育中缺乏游泳课程的现状值得认真反思。为了减少青少年因溺水而造成的死亡事故，必须在课程中增加游泳指导，以防止因溺水导致的意外死亡。

二、儿童青少年防溺水教育的对策

（一）提升家长对儿童青少年防溺水教育的认识

许多儿童和青少年由于缺乏父母的关注而溺水身亡。为了提高儿童青少年防溺水教育的重要性，建议建立家长班，重点教育家长防溺水知识。例如，学校可以利用家长会对家长进行防溺水教育；还可以通过媒体形式，利用视频、图片等，直接向家长传达相关消息，促使家长给予足够的关注。同时，在家长群可以通过在线直播的方式进行防溺水教育。这种在线教育方式在时间上更灵活，不会干扰家长的正常工作时间，可以有效地达到防溺水教育的目的。

（二）督促相关部门积极承担起防溺水教育的责任

针对儿童青少年的防溺水教育是一个需要相关部门、学校和家长合作的系统工程。建议政府积极采取相应措施，督促相关部门履行职责，为儿童青少年提供防溺水教育。首先，出台要求明确的文件，要求相关部门承担起责任，同时结合实际制订详细的教育计划和策略；其次，成立儿童青少年防溺水专项监督小组，对相关部门的防溺水教育工作进行检查，发现问题时必须立即加以纠正，督促各相关部门做好儿童青少年防溺水工作；再次，相关部门需要定期报告其儿童青少年防溺水教育工作的具体情况，接受防溺水专项监督小组的监督；最后，呼吁社会各界监督有关部门是否开展了有效的儿童青少年防溺水教育工作。

（三）在儿童青少年防溺水教育中加强游泳教育

加强游泳教育对于预防儿童青少年溺水至关重要。具体措施包括以下几个方面。

（1）在学校广泛开设游泳课程。针对目前大多数学校缺乏游泳设施的实际情况，建议政府安排专项资金支持学校游泳池建设，为教学奠定物质基础。此外，学校应选择一些体育教育工作者参加培训，培养专业游泳教师，以胜任游泳教学。

（2）家长负责孩子的游泳，如果自己会游泳，可以亲自教孩子游泳；如果不会，孩子可以报名参加游泳班。

（3）政府安排社会体育指导员为青少年提供免费游泳指导。许多地区都建有大型游泳池，政府出资，开放给全社会。在某些时间如夏季、周末等，社会体育指导员专门负责免费教学。当把游泳教育真正落实到溺水预防教育中时，后者会取得更好的效果。

　　鉴于儿童青少年溺水事件频发，有必要进一步强调加强预防工作的重要性，采取积极有效的措施。在实际操作中，无论是政府机构、学校还是家长，都应足够重视，不断发现问题，解决问题，将游泳教育融入防溺水教育中，使更多的儿童青少年远离溺水危险。

第五节　农村青少年防溺水游泳教育普及

　　青少年溺亡事件在农村地区呈多发趋势。当下，农村地区青少年防溺水工作得到社会各界的重视。游泳作为青少年喜闻乐见的运动项目，提高游泳项目在农村地区的普及度能切实提高农村青少年的游泳技能，减少农村地区青少年溺水事件的发生，构建健康中国和体育强国。

一、普及农村青少年防溺水游泳教育的意义

（一）提高自救能力，减少溺水事故的发生

　　通过学习游泳，农村青少年能够掌握基本的游泳技能，在不幸落水或者遇到其他危险情况时，农村青少年能够凭借自身掌握的游泳技能进行自救，减少溺水事故的发生。在每年发生的青少年溺水事件中，大部分溺水的青少年并没有掌握良好的游泳技能，在遇到危险情况时难以自救，造成悲剧的发生。农村地区青少年通过系统地学习游泳能够掌握良好的游泳理论知识和游泳技能，在遇到水中危险时能够凭借自身掌握的游泳基本技能自救，否则可能会因为不熟水性、过度紧张、不会游泳、游泳技术不达标等造成溺水伤亡。

（二）塑造健康体格

　　当下青少年群体的体质健康水平是国家和社会广泛关注的焦点，青少年群体肥胖问题、近视问题、体能下降问题依然存在。国家也从政策层面对青少年进行了引导，如全民健身工程、体教融合

政策、足球进校园等，增加青少年参与体育运动的时间和场所，从而提升他们的体质健康，致力于营造一个优越的环境。

在农村地区推广游泳，不仅可以帮助农村青少年在锻炼中塑造健壮的体魄、增强体质，还能够促进他们整体健康水平的提升。这对青少年的成长至关重要，同时也对国家的未来产生深远影响。一个健康的青少年群体是国家和民族未来的希望，只有他们强大，我们的国家和民族才能拥有更加光明的前景。游泳运动在农村地区青少年群体中的普及能够从整体上提高农村青少年群体的体质健康水平，助力构建体育强国和健康中国。游泳是一项青少年喜闻乐见的运动项目，通过推动游泳这项运动在农村地区的普及度，能够让农村青少年在运动中改善体质健康状况，减少肥胖、近视、体能差的不良现象，促进其身心和谐发展。这对于推进健康中国战略，加强健康教育，提高全民身体素质具有重要的意义。

（三）丰富农村青少年体育运动项目

在农村的中小学，体育课程的教学内容普遍较为单调，可选择的运动项目不多。教学通常局限于体育游戏、篮球、足球、羽毛球和毽子等常见的运动，而游泳作为一个运动项目，其实施的频率相对较低。当下游泳越来越受到国家和社会的重视，推动农村中小学游泳普及能够丰富农村青少年体育运动项目，满足农村学生对游泳的学习需求。推进游泳运动在农村地区青少年群体的普及也是积极响应当下国家构建体育强国的目标，游泳运动能够丰富农村青少年的体育内容，让青少年掌握良好的游泳技能，为国家培养更多优秀的游泳选手。同时，游泳是一项富有乐趣的运动，它能够让农村青少年在学习过程中体会到运动的乐趣，提高农村青少年身体素质。

（四）促进农村青少年身心健康和谐发展

游泳能够让青少年保持良好的心理状态，缓解学习压力，促进身心健康。在繁重的学习任务面前，农村地区青少年可能会产生学业上的压力和烦恼，而这些负面情绪如果得不到及时良好的疏导，青少年可能会产生心理健康问题。在农村地区，由于部分孩子的父母外出务工，无法经常性地对孩子进行及时的观察和指导，这可能导致孩子在遇到心理问题时无法得到及时的察觉和适当的引导，进而影响他们的心理健康。这种情况下，农村青少年心理健康问题显得尤为重要，需要引起社会各界的高度关注和重视。

运动时，人体会产生更多的多巴胺和内啡肽，这些物质能够改善人的心情，减少负面情绪，使人保持精神振奋。通过在农村青少年中推广游泳运动，可以鼓励他们积极参与游泳，运动中产生的多巴胺和内啡肽有助于调节身心健康，带来愉悦感。众多研究表明，体育运动有助于镇静情绪，通过中等强度的体育锻炼，可以缓解青少年因长时间学习压力而产生的疲劳和神经紧张，增强身体抗疲劳能力，放松身心。同时，体育锻炼也证明能有效减轻抑郁症状，帮助抑郁症患者对抗疾病。因此，普及游泳运动对农村青少年的身心健康具有极其重要的影响。游泳能够让农村青少年保持愉快的心情，减少负面情绪，减少抑郁症的产生。在游泳运动中，青少年之间能够加强交流，增加友谊，体验运动和友谊的乐趣，这对于农村青少年的身心健康发展具有重要的意义。总的来说，游泳运动的普及能够促进农村青少年身心健康和谐发展，让农村青少年群体拥有更加健康的身心状态。

二、农村青少年防溺水游泳教育存在的主要问题

（一）农村青少年游泳技能掌握水平有待提高

相当一部分农村青少年对于游泳的了解和掌握还不够全面，也缺乏基本的自救技能。对于游泳的理论知识、实操技能和水中自救知识学习不足，存在知识盲区。由于农村中小学体育课开设游泳课程较少，学生平时在学校对游泳方面的学习较少。而课后回到家里要完成家庭作业或者其他学习任务，从事课余体育活动的时间相对

较少，因此课后接触游泳不多。而且农村青少年平时接触的体育运动主要是篮球、羽毛球、跳绳、踢毽子、乒乓球等常见的运动项目，而水上运动项目相对较少。学习的欠缺是农村青少年游泳技能掌握不佳的原因之一，所以农村青少年在游泳学习方面还是存在着不足，游泳技能掌握也有待提高。

（二）各方思想观念落后，重视度不高

农村地区青少年游泳课程的普及涉及三个主体，一是学校，二是家长，三是学生自身。出于对安全的考虑，大部分学校对游泳课的开设力度不够。学校领导未意识到学习游泳技能对于减少青少年溺水事件和促进青少年身心健康的重要性，对游泳课程的重要性缺乏正确的认知。学生家长对孩子防溺水游泳技能的学习也不够重视，认识不够全面，思想观念较为落后。认为游泳是危险的活动，孩子不应该学习游泳。农村青少年群体对于学习游泳的重要性认识也不够全面，或者由于畏水、学习困难等而缺乏学习游泳的热情，对学习基本游泳技能不够重视。各方思想观念落后，重视度不高是当下农村青少年防溺水游泳教育存在的主要问题之一。这种错误的观念思想让游泳教育在农村地区的开展受到阻碍，导致游泳教育在农村地区中小学开设不足，有待完善。

（三）农村中小学游泳课程制度不完善

当下国家层面制定的防溺水体育课程不够完善，特别是在农村中小学体育课程上。国家和地方两个层面在防溺水体育课程设置方面需要进一步完善。例如，增加农村中小学体育课程中游泳课程的课时量，确保中小学保质保量地开展游泳教学；开发中小学义务教育阶段游泳教育专题课程，建设精品课程。完善游泳课程考核制度，通过可视化数据分析学生学习效果和教师教学效果，切实提高学生课程学习质量。同时，加强对农村中小学体育课程制度的研究和改革，探索覆盖小学、初中、高中的游泳课程制度，并注意好各

学段的衔接。

（四）学校游泳课程教学内容和师资力量欠缺

部分农村中小学游泳课程开设数量较少，课程教学内容不足，难以让学生良好地掌握游泳技能。在应试教育的背景下，农村中小学的体育课程有时会被其他文化课程所取代，这种情况进一步加剧了游泳等体育活动实施的难度。师资力量是影响教学效果的一个不可忽视的因素，教师的专业素养、专业知识水平、教学设计和教学科研等方面的综合能力会影响上课的效果。农村地区的中小学体育教师队伍总体而言缺乏游泳专业的教师，在师资力量方面也存在一定程度的欠缺。少部分学校开设了游泳课程，但是课程内容偏理论化和基础化，课程教学内容单一，教学质量有待进一步提高。

（五）缺乏正规的游泳场所

农村地区由于经济较为落后，政府对于游泳馆和游泳池的经费投入不足，导致农村地区的中小学以及社会上的正规游泳场所较少。当下农村地区的体育设施资源存在着不足的现象，拥有达到教学要求的游泳池的中小学数量较少。这个问题一方面会给农村青少年学习游泳带来不便，因为缺乏正规的游泳场所，农村青少年学习游泳受到了限制，存在游泳学习资源上的匮乏。另一方面由于缺乏正规的游泳场馆，而农村青少年又有游泳的需求，所以农村青少年可能会到野外的池塘、水库、溪流等水域游泳，这也在一定程度上增加了农村青少年发生溺水事件的风险。未来随着国民经济的不断发展和国家对教育行业投入力度的加大，农村地区中小学以及社会上的正规游泳场所的数量可能会增多，这种情况会得到改善。但是就目前而言，农村地区学校和地方上符合教学要求的游泳场地设施相对较少，正规达标的游泳场所相对缺乏。

三、农村青少年防溺水游泳教育普及的策略

（一）规范农村中小学游泳课程教学内容和考核标准

教育部门应该制定并完善农村中小学的游泳课程教学内容，形成规范的课程标准，让农村中小学的游泳课更加顺利地开展。同时保障游泳课程在农村中小学体育课程中的课时量，保质保量地开设游泳课。通过多样化的教学方法和小班化的教育模式，在课堂教学中融入游戏和竞赛元素，以增强游泳课程的吸引力，使农村青少年在愉悦的氛围中掌握游泳技能。

学校也应该结合国家体育课程标准和自身实际情况制订游泳课程教学计划，做到国家和学校两个主体协同努力，从而产生"1＋1＞2"的良好教学效果。除了规范游泳课程教学内容，国家和学校也应该制定完善的课程考核标准，以检验学生的学习效果。对于考核结果不佳的学生，学校应该进行信息记录，结合其掌握不佳的游泳技能进行进一步的针对性教学。帮助学生真正掌握游泳技能，做到普及性的素质教育。通过规范农村中小学游泳课程教学内容和考核标准，能够让学生在学校更好地学习游泳，提高游泳技能。

（二）提高教师教学水平，充实师资力量

国家要提高体育教师的专业技能，让农村地区的中小学体育教师掌握更加全面的游泳技能，以便更高质量地完成课堂教学。教育部门可以通过组织中小学体育教师参与游泳技能专题培训，开发相关学习课程供体育教师学习。例如，研发游泳教育精品课程，通过线上课程学习培训的形式让农村中小学体育教师在业余时间学习更多的游泳方面的安全和运动知识，从而更好地把游泳方面的知识教授给学生。线上学习的形式也比较方便快捷，不会对体育教师的日常工作造成太大的影响，对于体育教师来说比较方便。同时，教育

部门也可以举行体育教师游泳技能专项比赛，通过比赛带动体育教师对游泳技能的学习，以赛促练。学校要多组织体育教师进行教研活动和磨课，提高体育教师的游泳技能。学校也可以通过聘用有专业游泳技能和证书的运动员或者培训机构中有专业游泳技能和证书的游泳教练到学校为学生上游泳课。结合当下的双减政策，学校可以通过课后的校内托管开设游泳兴趣课，通过聘用专业的运动员以及教练员在学生下午放学后到学校来给学生们教学。丰富学校第二课堂的学习内容，培养学生的运动兴趣。这样，一方面可以满足青少年对于游泳课的学习需求，另一方面也能提高青少年的游泳技能，让学生在学习中享受乐趣，提高技能。

（三）完善农村中小学游泳场地设施建设

政府要加大对农村中小学游泳场馆的投入力度，建设更多的游泳池和游泳馆。当下农村地区中小学游泳池数量较少，泳池设施设备不齐全，存在资源不足的情况。政府要加大对农村中小学学校泳池、泳馆建设的资金支持，帮助没有游泳教学场所的中小学建设游泳场所，为农村青少年学习游泳提供良好的条件。而对于原来已有游泳场地设施的学校，则要对场地设施是否达标进行检测。如果不达标则应该对场地设施进行升级改造，比如老旧设备翻新，泳池清洁、卫生条件检查等措施。有关部门要进一步完善农村中小学的体育场地和设施，加大对学校体育课场地和设施资源的投入力度。例如，国家通过推行足球进校园的政策，将校园足球的发展提升到更高的层次。而校园足球的发展离不开完善的足球场地，国家通过增加对中小学的资金投入，助力中小学建设校园足球场地。在政策支持下，农村中小学的足球场无论从数量还是质量上都比以前有了较大的改善。游泳教学场地的建设也需要通过国家的政策引导和资金支持，以及地方学校的努力，建设更多符合教学条件的游泳池。中小学应根据自身具体情况，投入必要的资金来修建或改善游泳池设施，为学生打造一个适宜的学习和锻炼环境。国家也可以实行政策引导，通过出台相关政策让学校和校外有场地条件的游泳培训机构合作，借助校外培训机构的游泳场地进行教学，实现资源共享。

（四）加强游泳安全知识教育

学校要加强对农村青少年游泳安全知识教育，覆盖游泳安全知识理论和实践两方面，全面提高农村青少年的防溺水意识和游泳知识技能。学校可以通过举办防溺水游泳技能安全知识专题讲座、主题班会、主题黑板报、游泳安全知识海报等宣传形式，提高农村青少年的游泳安全知识。也可以通过编辑游泳安全知识教育方面的书籍报刊发放给他们阅读，让他们在阅读书籍报刊的过程中提高游泳安全知识水平。还可以通过举办游泳安全知识有奖知识问答或者征文大赛，通过比赛活动的形式来带动农村青少年对游泳安全知识的学习。对表现优秀的同学进行奖励，提高其学习积极性。在体育实践课上，体育教师可以通过亲身示范、学生演练的形式进行教学，传授面对水中突发情况，救助水中溺水者以及对溺水者进行急救的方法，提高他们的游泳技能和急救技能。同时，体育教师可以借助多媒体设备进行教学，让他们观看游泳学习方面的视频，对游泳的正确身体动作和注意事项进行强调。也可以借助录像设备让学生观看自己游泳时的实时画面，以达到纠正错误动作的教学目的。总之，学校应该通过多种教学形式提高学生的游泳安全知识水平，以达到减少农村青少年溺水事件的目标。

（五）完善学校游泳教学安全保障制度

有关部门要完善学校游泳教学的安全管理制度，最大限度地保障学校游泳教学的安全。有些学校领导出于对安全的考虑，对游泳课程的课时量和教学内容进行了缩减，导致游泳课的教学质量难以达到预期效果。体育运动固然具有天然的风险，但是只要做好各方面的安全措施，完善相关制度，就可以将运动风险以及不良影响降到最低。政府可以通过一系列的措施来保障学校游泳教学的安全，比如，聘用专业救生员到学校担任游泳课救生员，加快制定学校游泳课教学安全管理方面的法律法规，制定学校免责条款，完善农村中小学校园保险制度等措施来消除学校的后顾之忧，提高学校游泳课程教学质量。

（六）整合地方场馆资源

当下农村中小学缺乏游泳教学场所和设施设备，而社会上的游泳馆或者其他体育培训机构除了拥有教学所需的游泳场地，也配备了游泳方面专业的教练员。政府可以通过出台相关政策，整合农村现有可用场馆资源，建立以学校为主体，市场运作、政府监管的管理模式。让学校和地方机构优势互补，达到促进农村青少年游泳学习的目标。同时，加大支持农村中小学泳池建设经费的投入力度，完善政府管理体制。拓宽农村中小学与社会游泳培训机构合作的渠道，在硬件设施上为游泳课程的开展提供保障，推动农村中小学游泳教学的有效开展。

（七）统筹发展游泳培训市场

在国内的大城市地区，家长对孩子学习游泳技能方面比较重视。在假期，有些家长会通过培训班等形式让孩子学习游泳，大城市的游泳培训机构数量相对较多，游泳培训市场相对发展得较好。而在农村地区，由于经济较为落后，家长对于孩子学习防溺水游泳技能不够重视，社会上的正规游泳场所或者培训机构较少。政府可以引导培育农村游泳培训相关的机构，同时加大对游泳教学机构的审核力度，对机构教学资质、机构教学人员、泳池安全、场馆设施等方面是否达标进行评估。让农村地区的游泳培训市场得到进一步发展，为青少年提供优质的课后游泳培训。在培训课时费用方面应实行政策引导，规范农村地区游泳培训市场，让游泳培训机构得到良性的发展，减轻农村地区的青少年培训负担，让希望学习游泳的孩子能学，并学好游泳基本技能。

　　普及农村青少年防溺水游泳教育对于农村青少年群体防溺水具有重要意义，这不仅能提高农村青少年自救能力，减少溺水事故发生，而且能够丰富农村青少年体育运动项目，培养终身体育观念，塑造健康体格，促进身心健康。但是，当下农村青少年防溺水游泳教育存在着各方思想观念落后，重视度不高，防溺水游泳课程制度不完善，学校游泳课程教学内容和师资力量欠缺，缺乏正规的游泳场所等问题。通过规范中小学游泳课程教学培训内容和考核标准，提高教师教学水平，引进师资力量，建设完善中小学游泳场地设施，完善学校游泳教学安全制度，加强游泳安全知识教育，统筹发展游泳培训市场，整合地方场馆资源等方法能够促进农村青少年防溺水游泳教育普及，减少农村青少年溺水事件的发生，呵护农村青少年健康成长。同时，让农村青少年在学习游泳的过程中塑造健康体格，促进身心健康发展。让农村青少年体验体育的乐趣，养成终身体育的观念，构建健康中国和体育强国。

参考文献

［1］刘亚云，黄晓丽．游泳运动［M］．长沙：湖南师范大学出版社，2007．

［2］王红，温禹．游泳［M］．北京：高等教育出版社，2005．

［3］徐莉．游泳［M］．广州：华南理工大学出版社，2008．

［4］翁颖．游泳健身与教学创新［M］．北京：中国政法大学出版社，2014．

［5］张元阳．现代游泳与救生技术［M］．成都：电子科技大学出版社，2005．

［6］徐洋．游泳体能训练［M］．哈尔滨：东北林业大学出版社，2022．

［7］黄宇顺．游泳快速入门与进阶技术［M］．成都：成都时代出版社，2014．

［8］黄东怡，李光华．大众游泳训练指导教程［M］．北京：北京邮电大学出版社，2017．

［9］谷金波，那春燕．大众游泳自学与健身导读［M］．成都：电子科技大学出版社，2015．

［10］茅勇，黄永良．海浪救生［M］．北京：海洋出版社，2018．

［11］戴兴华，张羽．青少年暑期防溺水安全教育读本［M］．石家庄：河北科学技术出版社，2017．

［12］蒋薇．游泳健身理论与学练研究［M］．青岛：中国海洋大学出版社，2019．

［13］陈莉．大学体育与健康［M］．武汉：武汉大学出版社，2014．

［14］程锡森，金海波，冯岩．运动项目概论［M］．天津：天津大学出版社，2015．

［15］雷源，彭丹梅．大学生体育与健康［M］．北京：北京理工大学出版社，2017．

［16］朱晓菱，倪伟．体育健康与实践［M］．上海：上海大学出版社，2021．

［17］刘忠德．游泳运动与健康知识［M］．呼和浩特：内蒙古人民出版社，2006．

［18］纪彦屹，陈小英．游泳教学与救生实践［M］．长春：吉林大学出版社，2017．

［19］廖兆慧．关于防溺水教育的几点思考［J］．湖北应急管理，2022（9）：50-51．

［20］孟凡良，张亦男，戴成梁．高校游泳教学中大学生心理障碍的成因与对策［J］．北京电子科技学院学报，2023，31（3）：127-130．

［21］乔志瑾．中学游泳课的卫生与安全［J］．内江科技，2009，30（9）：203．

［22］郑寒洁．创新形式，让防溺水宣传入耳入心［J］．河北教育（德育版），2023，61（Z1）：21．

［23］陈卉．青少年溺水多元联防机制构建及实施路径研究［J］．当代体育科技，2023，13（31）：190-193＋198．

［24］秦卫斌，丁淑健，刘宜．儿童青少年防溺水教育存在的问题及对策研究［J］．黄山学院学报，2022，24（5）：81-84．

［25］郝雪．新时代高校体育游泳课程的教学模式探索［J］．体育世界，2024（3）：77-79．

［26］王晋鹏．健康中国背景下农村青少年防溺水游泳教育普及策略研究［J］．冰雪体育创新研究，2023（1）：8-11．

［27］张铭钰，唐凤成．防溺水体育课程教育的开展与普及［J］．当代体育科技，2021，11（23）：77-79．

［28］蔡睿．健康中国理念下游泳救生及水上运动知识的普及现状分析［J］．文体用品与科技，2021（20）：111-112.

［29］张润平．水上救生技术课程教学改革的探索与实践［J］．体育世界（学术版），2020（2）：179-180.

［30］丁淑健，刘宜．我国儿童青少年溺水成因与预防策略［J］．滁州学院学报，2023，25（4）：26-29＋34.

［31］童超程．协同理论视域下浙江省青少年防溺水安全教育实施路径研究［D］．武汉：武汉体育学院，2023.

［32］刘伟．游泳运动干预对初中生体质健康和锻炼健康信念的影响研究［D］．淮北：淮北师范大学，2022.

［33］李珊．农村小学生防溺安全教育管理的问题与对策研究［D］．上海：东华理工大学，2023.

［34］殷梓轩．城市湖泊公共救生设施系统设计研究［D］．武汉：武汉工程大学，2018.

［35］谭萍．协同理论下小学生"家、校、社"一体化防溺水安全教育研究［D］．天津：天津体育学院，2022.

［36］方千华．国内外水上救生发展状况及救生员培养体制比较研究［D］．福州：福建师范大学，2003.

［37］王晓龙．对浙江省水上救生协会防溺水教育进校园工作的分析与对策研究［D］．北京：北京体育大学，2020.